オンライン予測
Online Prediction

畑埜晃平
瀧本英二

■ 編者

杉山　将　博士（工学）

理化学研究所 革新知能統合研究センター センター長

東京大学大学院新領域創成科学研究科 教授

■ シリーズの刊行にあたって

　インターネットや多種多様なセンサーから，大量のデータを容易に入手できる「ビッグデータ」の時代がやって来ました．現在，ビッグデータから新たな価値を創造するための取り組みが世界的に行われており，日本でも産学官が連携した研究開発体制が構築されつつあります．

　ビッグデータの解析には，データの背後に潜む規則や知識を見つけ出す「機械学習」とよばれる知的データ処理技術が重要な働きをします．機械学習の技術は，近年のコンピュータの飛躍的な性能向上と相まって，目覚ましい速さで発展しています．そして，最先端の機械学習技術は，音声，画像，自然言語，ロボットなどの工学分野で大きな成功を収めるとともに，生物学，脳科学，医学，天文学などの基礎科学分野でも不可欠になりつつあります．

　しかし，機械学習の最先端のアルゴリズムは，統計学，確率論，最適化理論，アルゴリズム論などの高度な数学を駆使して設計されているため，初学者が習得するのは極めて困難です．また，機械学習技術の応用分野は非常に多様なため，これらを俯瞰的な視点から学ぶことも難しいのが現状です．

　本シリーズでは，これからデータサイエンス分野で研究を行おうとしている大学生・大学院生，および，機械学習技術を基礎科学や産業に応用しようとしている大学院生・研究者・技術者を主な対象として，ビッグデータ時代を牽引している若手・中堅の現役研究者が，発展著しい機械学習技術の数学的な基礎理論，実用的なアルゴリズム，さらには，それらの活用法を，入門的な内容から最先端の研究成果までわかりやすく解説します．

　本シリーズが，読者の皆さんのデータサイエンスに対するより一層の興味を掻き立てるとともに，ビッグデータ時代を渡り歩いていくための技術獲得の一助となることを願います．

2014 年 11 月

「機械学習プロフェッショナルシリーズ」編者
杉山 将

まえがき

　天気予報や株価予測といった逐次的な予測・意思決定問題は古くから統計学などの立場で研究されてきました．一方，1990年代からコンピュータ・サイエンスの理論研究者が学習・予測問題に対してアルゴリズム的視点から取り組み，「計算学習理論」という学問分野が形成されました．中でも，逐次的予測問題を扱う理論は「オンライン予測理論」と呼ばれています．近年，オンライン予測理論は最適化理論（特に凸最適化）との結びつきが強まり，急速に発展をとげています．

　オンライン予測理論の特筆すべき点として，データの生成過程に関して何ら仮定をおかないことが挙げられます（もちろん，機械学習でよく用いられる確率的な仮定をおくことでより精緻な解析ができる場合もあります）．しかし，仮定がないと予測アルゴリズムの性能を評価することは一般には不可能です．そこで，オンライン予測理論では，性能を絶対的に評価する代わりに，「あとから見て最適な」予測戦略に対する相対的な評価を行います．このような解析手法は一般に「リグレット解析」と呼ばれます．文字通り「あのときこうしておけばよかった！」といった後悔の量を定式化および評価しているといえます．オンライン予測理論のこういった特質は，データの生成過程をモデリングすることが難しいオンライン予測問題に対してとても有効です．また，オンライン予測理論は，オンライン予測だけでなく，実は最適化問題に対しても有効な設計指針を与えることがわかってきました．

　オンライン予測理論に関する教科書としては英語，日本語いずれもよい本があります．しかし，分野の進展が早く内容は若干古典的といわざるをえません．本書のゴールは，最新の重要な進展を取り入れつつ，オンライン予測理論に関する基本的な事項を整理された形でわかりやすく解説することです．本書はオンライン予測に関する近年のサーベイ（[6, 18, 19, 37]）などを参考にしていますが，一部異なる証明やトピックも取り入れています．具体的には，本書は，(1) エキスパート統合問題，(2) オンライン凸最適化，(3) ランダムネスに基づくオンライン予測，(4) 組合せ論的オンライン予測，から構成されています．これらはオンライン予測における主要なトピック群です．

特に，本書では単にアルゴリズムの解説だけではなく，証明にも力点をおいています．というのも，オンライン予測理論の進展は，新たな証明や解析のテクニックの発明によって支えられてきたからです．実際，従来の予測アルゴリズムに対する別の簡潔な証明が新たなアルゴリズムの導出をうながす，といったサイクルが繰り返されてきました．単にアルゴリズムを眺めているだけでは本質を理解することはできず，導出原理の深い理解なくしては新たな手法を生み出すことは困難なのです．

　本書は4つの章から構成されています．第1章では，オンライン予測における基本的な問題の1つであるエキスパート統合問題を扱います．第2章では，オンライン凸最適化と呼ばれるオンライン予測の統一的な枠組みについて述べます．第3章では，ランダムネスを利用したオンライン予測のアプローチ，第4章では予測対象が組合せ集合（順列など）である場合のオンライン予測を扱います．これらはオンライン予測の主要なトピック群であり，分野全体の概観が得られると思います．

　最後に，有益なアドバイスを多数くださった東京大学の杉山将先生，丁寧かつ詳細な査読をしていただいた名古屋工業大学の竹内一郎先生，北海道大学の中村篤祥先生に感謝いたします．また，終始執筆のサポートをしていただいた講談社サイエンティフィクの慶山篤様，瀬戸晶子様に感謝いたします．

2016年11月

畑埜晃平・瀧本英二

目 次

- シリーズの刊行にあたって iii
- まえがき v

第 1 章　エキスパート統合問題 1

1.1　N 人のクイズ王の問題 1
1.2　全問正解のエキスパートが存在する場合 5
　　1.2.1　2 分法 5
　　1.2.2　乱択 2 分法 8
　　1.2.3　c 乱択 2 分法 10
1.3　全問正解のエキスパートが存在するとは限らない場合 15
　　1.3.1　リグレット 16
　　1.3.2　リグレットの意味について 17
　　1.3.3　重みつき平均アルゴリズム 18
　　1.3.4　改良版重みつき平均アルゴリズム c-WAA 23
　　1.3.5　パラメータ β の選択と WAA のリグレット上界の導出 ... 24
　　1.3.6　β の自動調整 ── ダブリング・トリック 29
1.4　エキスパート統合問題 31
　　1.4.1　N 人のクイズ王の問題 33
　　1.4.2　オンライン配分問題 33
　　1.4.3　重みつき平均アルゴリズム 34
　　1.4.4　対数損失と情報圧縮 40
1.5　重みと損失関数による定式化 42
　　1.5.1　エキスパート統合問題の標準形 42
　　1.5.2　オンライン配分問題とヘッジアルゴリズム 43
　　1.5.3　重みと損失関数による定式化 45
　　1.5.4　第 2 章への準備 47
1.6　文献ノート 48

第 2 章　オンライン凸最適化　51

- 2.1　オンライン凸最適化の枠組み　51
- 2.2　Follow The Leader (FTL) 戦略　57
  - 2.2.1　FTL 戦略の有効性　57
  - 2.2.2　FTL 戦略の限界　61
- 2.3　Follow The Regularized Leader (FTRL) 戦略　62
  - 2.3.1　損失関数が線形の場合　63
  - 2.3.2　オンライン線形最適化問題への帰着　67
  - 2.3.3　オンライン勾配降下法　69
  - 2.3.4　ブレグマン・ダイバージェンス　73
  - 2.3.5　FTRL 戦略 の一般化　77
  - 2.3.6　オンライン線形最適化問題に対するリグレット下界　82
  - 2.3.7　損失関数が強凸である場合　83
- 2.4　オンラインニュートン法と Follow The Approximate Leader 戦略　87
  - 2.4.1　オンラインニュートン法 (ONS)　90
  - 2.4.2　Follow The Approximate Leader (FTAL) 戦略　96
- 2.5　オフライン最適化への応用　98
- 2.6　文献ノート　102

第 3 章　ランダムネスに基づくオンライン予測　103

- 3.1　Follow the Perturbed Leader (FPL) 戦略　103
- 3.2　指数重み型 Follow The Perturbed Leader (FPL*) 戦略　107
- 3.3　FTRL 戦略との関連性　113
- 3.4　文献ノート　117

第 4 章　組合せ論的オンライン予測　119

- 4.1　組合せ論的オンライン予測とは　119
- 4.2　サンプリングに基づくアプローチ　122
- 4.3　オフライン線形最適化に基づくアプローチ　123
- 4.4　連続緩和と離散化に基づくアプローチ　125
- 4.5　文献ノート　136

付録 A　数学的準備 ……………………………………… 137

- A.1　内積，半正定値行列 ……………………………… 137
- A.2　ノルム ……………………………………………… 138
- A.3　凸集合，凸関数 …………………………………… 139
- A.4　凸最適化 …………………………………………… 141
- A.5　確率に関する不等式 ……………………………… 143

- 参考文献 ………………………………………………… 145
- 索　引 …………………………………………………… 151

Chapter 1

エキスパート統合問題

本章では,オンライン予測理論の導入として,最も基本的な枠組みであるエキスパート統合問題について述べます.エキスパート統合問題は,その単純さにもかかわらず,ユニバーサル符号における情報源の確率分布推定問題や,繰り返しゲームにおける行動選択問題など,様々な領域における意思決定問題を表すことができるという一般性を持っています.

1.1 N 人のクイズ王の問題

あなたは,東京ドームで行われているあるクイズ大会の1次予選に参加しています.第1問は,

「ニューヨークの自由の女神は,かつて灯台だった.○か×か?」

でした.答えが○だと思ったら外野側,×だと思ったら内野側の陣地に,制限時間内に移動しなければなりません.このように,○×形式のクイズがたくさん出題され,成績上位者が2次予選に進むことができます.まったく見当がつかないあなたは,かつてこの大会で優勝したことのあるクイズ王(エキスパート)が N 人参加しているのを見つけ,彼らの動向を見てから自分の答えを決めることにしました.エキスパート達はすぐに答えの陣地に移動し,このようなカンニング的な戦略をとるだけの時間は十分にあるものとします.では,エキスパート達の答えをどのように統合して,自分の答えを導き出せばよいでしょうか.これは典型的なエキスパート統合問題であり,当

面はこの問題を題材に，問題の定式化や統合アルゴリズムの設計と解析手法について詳しく説明していきます．

さて，N 人のクイズ王の問題には，プレイヤー（あなた），N 人のエキスパート，出題者が登場しますが，プレイヤー以外の主体はプレイヤーの外部にあり，その振る舞いはプレイヤーには制御できないことから，N 人のエキスパートと出題者をまとめて「環境」と呼ぶことにします．すなわち，この問題は，プレイヤーと環境との間の情報交換手続き（以降，プロトコルと呼びます）として，次のように形式的に記述することができます．ただし，表記上の都合のため，答えを○と×ではなく 1 と 0 で表すことにします．

N 人のクイズ王の問題

各試行 $t = 1, 2, \ldots, T$ において，以下の 1〜3 が行われる．

1. 環境は，ベクトル $\boldsymbol{z}_t = (z_{t,1}, \ldots, z_{t,N}) \in \{0,1\}^N$ をプレイヤーに提示．ここで，$\boldsymbol{z}_t$ の第 i 成分 $z_{t,i} \in \{0,1\}$ は，試行 t におけるクイズに対する i 番目のエキスパートの答えを表す．
2. プレイヤーは，答えを $x_t \in \{0,1\}$ と予測し，これを出力．
3. 環境は，クイズの正解 $y_t \in \{0,1\}$ をプレイヤーに提示．

各試行 t において，プレイヤーは，それまでに提示されたデータ系列 $S_t = ((\boldsymbol{z}_1, y_1), \ldots, (\boldsymbol{z}_{t-1}, y_{t-1}), \boldsymbol{z}_t)$ にのみ基づいて，自分の答え x_t を決定することになります．つまり，考えるべきアルゴリズムは，S_t から x_t を求める部分ということになります．この問題では，プレイヤーは自力でクイズを解くことを放棄しており，実際のクイズそのものは入力データに含まれていないことに注意してください．そのため，上記のプロトコルにおいては，クイズが提示される過程が省略されています．

さて，プレイヤーの自明な目標は，誤り回数 $\sum_{t=1}^{T} |x_t - y_t|$ をできるだけ少なくすることですが，どうしたらよいでしょうか．

統計的学習の手法を使ってみる？

すぐに思いつくのは，統計的学習の手法を利用することでしょう．すなわ

ち，何らかの仮説クラス $H \subseteq \{h : \{0,1\}^N \to \{0,1\}\}$ を導入し，S_t をサンプルとみなして仮説 $h_t \in H$ を推定した後，$x_t = h_t(z_t)$ を予測値とするというものです．これは，典型的な 2 値分類学習の問題であり，学習がうまくいけば汎化誤差 $\Pr(y_t \neq x_t)$ が 0 に収束する[*1]ので，誤り回数の期待値 $\sum_{t=1}^{T} E[|y_t - x_t|] = \sum_{t=1}^{T} \Pr(y_t \neq x_t)$ を抑えることができそうです．

しかし，統計学習の手法がうまくいくためには，必ず，サンプルの生成のされ方に関して，確率的な仮定が必要です．たとえば，

仮定 P：$\{0,1\}^N \times \{0,1\}$ 上のある分布 D が存在して，各事例 (z_t, y_t) は，それぞれ独立に分布 D に従って生成される

などというものです．N 人のクイズ王の問題の場合，このような仮定をおくことは不自然であるように思われます[*2]．

敵対的な環境

一方，サンプルの生成のされ方に関して何の仮定もおかないと，どんなに優れたプレイヤーのアルゴリズムを用いても，最悪の場合は全問不正解ということが起こりえます．以下に，その理由を説明します．プレイヤーの任意の（決定的）アルゴリズムを A とします．アルゴリズム A は，仮定 P のもとでは汎化誤差が 0 に収束するような学習アルゴリズムでもよいですし，何でもかまいません．さて，アルゴリズム A にサンプル S_t を入力として与えたとき，出力として得られるプレイヤーの答えを $A(S_t) \in \{0,1\}$ と表記することにします．そこで，次のような**環境のアルゴリズム** B を考えます．

[*1] 汎化誤差が 0 の仮説 $h^* \in H$ が存在する場合．
[*2] ある固定されたクイズ集合の中から，各試行においてランダムにどれかの問題が選ばれるとしたら，仮定 P が成り立つと考えてもよいでしょう．

アルゴリズム 1.1 環境のアルゴリズム B

各試行 $t = 1, 2, \ldots, T$ において，以下の 1〜4 が行われる．
1. $z_t = \mathbf{0}$, $S_t = ((z_1, y_1), \ldots, (z_{t-1}, y_{t-1}), z_t)$ とおく．
2. 正解が $y_t = 1 - A(S_t)$ となるようなクイズを出題し，エキスパート達の答えとして z_t をプレイヤーに提示．
3. プレイヤーの予測 $x_t (= A(S_t))$ を観測．
4. 正解として $y_t (\neq x_t)$ をプレイヤーに提示．

このように，環境がプレイヤーのアルゴリズム A を知っているとすると，各試行 t でのエキスパート達の答えをあらかじめ適当に設定しておけば（アルゴリズム B では $z_t = \mathbf{0}$，すなわち，全員の答えが 0 となるように設定している），クイズを出題する前にプレイヤーの答え x_t がわかるので，それが不正解になるようなクイズを出題すればよいというわけです．

ところで，この論法には，次のような腑に落ちないように見える点があるでしょう．

- 環境を擬人化して，プレイヤーにとって敵対的な振る舞いをする意思をもった者とみなしている点．
- 環境はアルゴリズム A を知っていると仮定している点．
- エキスパート達の答えが，クイズが出題される前に勝手に決められている点．

しかし，アルゴリズム B は，実は，そのような環境の振る舞いが偶然に起こる可能性が 0 ではないことを示しているにすぎません．実際のエキスパート達やクイズの出題者は，自分の意思でフェアに行動しているつもりかもしれませんが，運命的にアルゴリズム B と同じ振る舞いをしてしまう可能性を否定できないのです[*3]．

[*3] 実際，我々は不運が重なったときよく運命の神様を持ち出すことがあります．不運なできごとが運命の神様の意思（アルゴリズム）によって決定づけられていると解釈しても，矛盾は生じないのです．

このように，敵対的なアルゴリズムを導入して最悪の場合の解析を行う手法は**敵対的論法**（**adversarial argument**）と呼ばれ，アルゴリズム論の分野ではよく用いられます．本書では，これ以降，敵対的な振る舞いをする環境のみを考え，環境のことを**敵対者**（**adversary**）と呼ぶことがあります．

1.2 全問正解のエキスパートが存在する場合

敵対者を相手にした場合，N 人のクイズ王の問題に対するよい戦略を考える意味はなさそうに思われます．このことについて考察する前に，本節ではまず，全問正解するエキスパートが存在する場合について考えることにします．すなわち，あるエキスパート i^* $(1 \leq i^* \leq N)$ が存在して，任意の試行 t に対して $z_{t,i^*} = y_t$ が成り立つとします[*4]．この場合，プレイヤーの素朴な戦略として，「全問正解を続けているエキスパートのどれかを選び，そのエキスパートの真似をする」という方法が考えられます．この方法だと，プレイヤーは，明らかにたかだか $N-1$ 回しか間違えません．なぜなら，プレイヤーが間違えるたびに，全問正解を続けているエキスパートの数が 1 人以上減ることになりますが，条件より，その数が 0 になることはないからです．

1.2.1 2 分法

少し考えれば，もっとよい戦略があることに気がつくでしょう．それは，

「全問正解を続けているエキスパートの**多数決**に従う」

というもので，これを **2 分法**（**halving algorithm**）と呼びます．2 分法では，プレイヤーが間違えるたびに，全問正解を続けているエキスパートの数が半分以下になります．なぜなら，プレイヤーが間違えたということは，全問正解を続けているエキスパートの過半数が間違えたことを意味するからです．このことから，2 分法の誤り回数について，以下の定理が導かれます．

[*4] 本節で考える環境は，この条件を満たすこと以外は自由に振る舞うことができるという意味で，やはり敵対者と考えることもできます．

> **定理 1.1（2 分法の性能）**
>
> N 人のクイズ王の問題に対し，全問正解のエキスパートが存在すると仮定すると，2 分法の誤り回数は，たかだか $\log_2 N$ です．

証明．
試行 $t-1$ までのすべてのクイズに正解したエキスパートの数を W_t とします．最初は誰も間違えていないので，$W_1 = N$ です．前述のように，試行 t で 2 分法が間違えた場合，$W_{t+1} \leq W_t/2$ が成り立ちますが，正解の場合でも $W_{t+1} \leq W_t$ が成り立ちます．全問正解を続けているエキスパートの数が増えることはないからです．したがって，

$$l_t = \begin{cases} 0 & \text{試行 } t \text{ で 2 分法が正解のとき} \\ 1 & \text{試行 } t \text{ で 2 分法が間違えたとき} \end{cases}$$

とおくと，$W_{t+1} \leq W_t/2^{l_t}$，すなわち，

$$W_{T+1} \leq \frac{W_1}{2^L} = \frac{N}{2^L} \tag{1.1}$$

が成り立ちます．ただし，$L = \sum_{t=1}^{T} l_t$ は 2 分法の誤り回数です．一方，全問正解のエキスパートが存在するという仮定から，

$$W_{T+1} \geq 1 \tag{1.2}$$

が成り立ちます．よって，式 (1.1) と (1.2) より，$1 \leq N/2^L$，すなわち

$$L \leq \log_2 N$$

が導かれました． □

実は，全問正解のエキスパートが存在するという仮定のもとでは，決定的アルゴリズムとしては，2 分法が最適であるということができます．次の定理が，2 分法の最適性を意味しています．

定理 1.2（決定的アルゴリズムの誤り回数の下界）

N 人のクイズ王の問題に対し，プレイヤーの任意の決定的アルゴリズムの誤り回数は，全問正解のエキスパートが存在したとしても，最悪の場合 $\lfloor \log_2 N \rfloor$[*5] 回以上となります．

証明．

プレイヤーの任意の決定的アルゴリズム A に対し，敵対者のアルゴリズム B' を構成することによって証明します．B' の目標は，プレイヤーの誤り回数を $\log_2 N$ 回にしつつ，全問正解のエキスパートの存在を保証することです．

簡単のため，エキスパート数 N は 2 のべき数，すなわち，ある自然数 k が存在して，$N = 2^k$ とします．アルゴリズム B' は，総試行回数を $T = k$ とおき，アルゴリズム B と同じ方法で，プレイヤーを全問不正解にします[*6]．これで，プレイヤーの誤り回数は $k = \log_2 N$ となり，1つめの目標を達成できます．もう1つの目標は，全問正解のエキスパートの存在を保証することですが，そのために，エキスパートの答え z_t の設定方法を工夫します．アルゴリズム B' がアルゴリズム B と異なる点は，この z_t の設定方法の部分だけです．

アルゴリズム B' は，全問正解を続けるエキスパートの集合を，区間 $I_t = \{i, i+1, \ldots, j\} \subseteq \{1, 2, \ldots, N\}$ として管理します．試行 t においては，その区間の前半のエキスパートの答えを 0，後半のエキスパートの答えを 1 と設定します（それ以外のエキスパートの答えはどちらでもよいのですが，便宜上，0 とします）．こうすることにより，正解 y_t がどちらの値をとったとしても，前半か後半のどちらかの区間が I_{t+1} となるため，全問正解を続けるエキスパートの数がちょうど半分になることになります．したがって，試行回数が k 回以下であれば，全問正解のエキスパート数が 0 にはなりません．

[*5] 実数 a に対し，$\lfloor a \rfloor$ は a を超えない最大の整数を表します．
[*6] 試行回数が k を超えてからは，プレイヤーの振る舞いによらず，全問正解のエキスパートが存在し続けるように系列 (z_t, y_t) $(k+1 \leq t \leq T)$ を生成することにより，$T \geq k+1$ とすることもできます．

これで，2つめの目標も達成できました．完全を期すため，アルゴリズム B' の擬似コードを以下に示しておきます． □

アルゴリズム 1.2 敵対者のアルゴリズム B'

> 初期化：$I_1 = \{1, 2, \ldots, N\}$，$T = \log_2 N$ とおく．
> 各試行 $t = 1, 2, \ldots, T$ において，以下の 1〜6 が行われる．
>
> 1. I_t の前半部分を $I_{t,0}$，後半部分を $I_{t,1}$ とおく．すなわち，$I_{t,0}$ と $I_{t,1}$ は，$I_t = I_{t,0} \cup I_{t,1}$，$|I_{t,0}| = |I_{t,1}| = |I_t|/2$ を満たす．
> 2. 各 i $(1 \le i \le N)$ に対し，$z_{t,i} = \begin{cases} 1 & i \in I_{t,1} \text{ のとき} \\ 0 & i \notin I_{t,1} \text{ のとき} \end{cases}$
> とし，$S_t = ((z_1, y_1), \ldots, (z_{t-1}, y_{t-1}), z_t)$ とおく．
> 3. 正解が $y_t = 1 - A(S_t)$ となるようなクイズを出題し，エキスパート達の答えとして z_t をプレイヤーに提示．
> 4. プレイヤーの予測 $x_t(= A(S_t))$ を観測．
> 5. 正解として $y_t(\ne x_t)$ をプレイヤーに提示．
> 6. $I_{t+1} = I_{t,y_t}$ とおく．

1.2.2 乱択 2 分法

全問正解のエキスパートが存在する場合，2分法が決定的アルゴリズムとして最適で，誤り回数の上界が $\log_2 N$ であることがわかりました．本項と次項では，乱択アルゴリズムについて考え，誤り回数を期待値で評価することにします[*7]．本項では，次のような単純な戦略

「全問正解を続けているエキスパートから**一様ランダムに 1 人選び**，その決定に従う」

[*7] 乱択アルゴリズムの性能を評価するには，主に，評価値 X の期待値の上界（$E[X] \le U$ の形の不等式）を示す方法と，高い確率で成立する上界（$\Pr(X \le U) \ge 1 - \delta$ の形の不等式）を示す方法がありますが，ここでは期待値を用いることにします．

について考えます．これを，**乱択 2 分法 (ramdomized halring algorithm)** と呼ぶことにします．驚くべきことに，この単純なアルゴリズムの誤り回数の期待値は，$\log_2 N$ よりも小さくなります．以下に示す定理とその証明において，$\ln$ は自然対数，$\Pr(A)$ は事象 A が生起する確率，$E[X]$ は確率変数 X の期待値をそれぞれ表しています．

> **定理 1.3（乱択 2 分法の性能）**
>
> N 人のクイズ王の問題に対し，全問正解のエキスパートが存在すると仮定すると，乱択 2 分法の誤り回数の期待値は，たかだか $\ln N$ です．

証明．

試行 $t-1$ までのすべてのクイズに正解したエキスパートの数を W_t とします．乱択 2 分法が試行 t で間違えるのは，これら W_t 人のエキスパートのうち，試行 t で間違えるエキスパートを選んだときとなります．このようなエキスパートの数は $W_t - W_{t+1}$ となるので，乱択 2 分法が試行 t で間違える確率 $q_t = \Pr(x_t \neq y_t) = E[|x_t - y_t|]$ は，

$$q_t = \frac{W_t - W_{t+1}}{W_t} = 1 - \frac{W_{t+1}}{W_t} \leq \ln W_t - \ln W_{t+1}$$

となります．最後の不等式は，任意の正の実数 $x > 0$ に対して成立する不等式 $1 - x \leq -\ln x$ に，$x = W_{t+1}/W_t$ を代入することにより得られます．したがって，乱択 2 分法の誤り回数の期待値 $E[\sum_{t=1}^{T} |x_t - y_t|]$ について，

$$\begin{aligned}
E\left[\sum_{t=1}^{T} |x_t - y_t|\right] &= \sum_{t=1}^{T} E[|x_t - y_t|] \\
&= \sum_{t=1}^{T} q_t \\
&\leq \sum_{t=1}^{T} (\ln W_t - \ln W_{t+1}) \\
&= \ln W_1 - \ln W_{T+1} \leq \ln N
\end{aligned}$$

が成り立ちます．はじめの等式は期待値の線形性，最後の不等式は，$W_1 = N$，および，$W_{T+1} \geq 1$ を用いました． □

$\ln N \approx 0.693 \log_2 N$ なので，乱択2分法は，2分法に比べて約30%性能が改善されたということができます．

なお，証明の最後に現れたような

$$\sum_{i=1}^{n-1}(a_i - a_{i+1})$$
$$= (a_1 - a_2) + (a_2 - a_3) + \cdots + (a_{n-2} - a_{n-1}) + (a_{n-1} - a_n)$$
$$= a_1 - a_n$$

の形をした級数は，入れ子状の筒を用いた伸縮式の機構をもつ望遠鏡になぞらえて，**望遠鏡和（telescoping sum）**[*8] と呼ばれ，オンライン予測アルゴリズムの性能解析に，よく用いられます．

1.2.3　c 乱択2分法

実は，もっと工夫すると，さらに性能を改善することができます．それを説明する前に，2分法と乱択2分法において，試行 t で $x_t = 1$ を出力する確率 p_t の決め方について考察してみましょう．

W_t を，試行 $t-1$ までのすべてのクイズに正解したエキスパートの数，K_t を，それらのエキスパートの中で，試行 t のクイズで答えを1と予測したエキスパートの数とします．このとき，2分法も乱択2分法も，p_t は，ある関数 $f: [0,1] \to [0,1]$ を用いて $p_t = f(K_t/W_t)$ のように表すことができます．具体的には，2分法の場合は，多数決に基づく決定的な手法なので

$$f(x) = \begin{cases} 1 & x \geq 1/2 \text{ のとき} \\ 0 & x < 1/2 \text{ のとき} \end{cases}$$

となり，乱択2分法の場合は，一様ランダムに選ぶ手法なので

$$f(x) = x$$

[*8]　この訳語は定着したものではありません．多くの読者には，「望遠鏡」より「指示棒」になぞらえた方がイメージしやすいかもしれません．

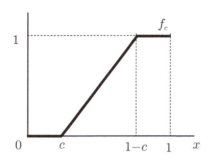

図 1.1 c 乱択 2 分法で用いる関数 f_c.

となることが，容易に確かめられます．

これらを一般化して，図 **1.1** に示すように，実数 $c \in [0, 1/2]$ をパラメータとする関数 f_c を用いて $p_t = f_c(K_t/W_t)$ とするアルゴリズムを c 乱択 2 分法と呼ぶことにします．c 乱択 2 分法の詳細を，アルゴリズム 1.3 に示します．

アルゴリズム 1.3 c 乱択 2 分法

> パラメータ：$c \in [0, 1/2]$
> 初期化：$C_1 = \{1, 2, \ldots, N\}$
> 各試行 $t = 1, 2, \ldots, T$ において，以下が行われる．
> 1. エキスパートの予測 $\boldsymbol{z}_t \in \{0, 1\}^N$ を入力．
> 2. $W_t = |C_t|$ 　　　　// これまで全問正解のエキスパート数
> $K_t = |\{i \in C_t \mid z_{t,i} = 1\}|$
>   　　　　　　　　// そのうち 1 と予測しているエキスパート数
> 3. $p_t = f_c(K_t/W_t)$
> 4. $\Pr(x_t = 1) = p_t$ が成り立つように $x_t \in \{0, 1\}$ をランダムに選び，答えとして出力．
> 5. 正解 y_t を入力．
> 6. $C_{t+1} = \{i \in C_t \mid z_{t,i} = y_t\}$

2分法は $c=1/2$，乱択2分法は $c=0$ の特別な場合であることに注意すると，c の値を最適化することにより，もっとよい性能をもつアルゴリズムが導出できる可能性が見えてきます．

c 乱択2分法の性能を解析するために，試行 t での誤り確率 $q_t=\Pr(y_t\neq x_t)$ と W_{t+1}/W_t との関係について考察してみましょう．

- $y_t=0$ のとき．

  $q_t=\Pr(x_t=1)=p_t$，および，$W_{t+1}=W_t-K_t$ より，
  $$\frac{W_{t+1}}{W_t}=1-\frac{K_t}{W_t}=1-f_c^{-1}(p_t)=1-f_c^{-1}(q_t).$$

- $y_t=1$ のとき．

  $q_t=\Pr(x_t=0)=1-p_t$，および，$W_{t+1}=K_t$ より，
  $$\frac{W_{t+1}}{W_t}=\frac{K_t}{W_t}=f_c^{-1}(p_t)=f_c^{-1}(1-q_t)=1-f_c^{-1}(q_t).$$

ここで，最後の等式は，$f_c^{-1}(x)+f_c^{-1}(1-x)=1$ という事実を用いました．

これらより，いずれの場合でも
$$\frac{W_{t+1}}{W_t}=1-f_c^{-1}(q_t)$$
が成り立つことがわかりました．さらに，右辺の関数を厳密に上から抑える指数関数を $b_c^{-q_t}$ とします．すなわち，b_c は，任意の $x\in[0,1]$ に対して $1-f_c^{-1}(x)\leq b^{-x}$ を満たす最大の実数 b で，パラメータ c によって一意に定まります．この実数 b_c を用いて，c 乱択2分法の性能の性能を評価することができます．

> **定理 1.4**（c 乱択2分法の性能）
>
> N 人のクイズ王の問題に対し，全問正解のエキスパートが存在すると仮定すると，c 乱択2分法の誤り回数の期待値は，たかだか $\log_{b_c} N$ です．

証明.
試行 $t-1$ までのすべてのクイズに正解したエキスパートの数を W_t とし，試行 t での c 乱択 2 分法の誤り確率を q_t とすると，b_c の定義より，
$$\frac{W_{t+1}}{W_t} = 1 - f_c^{-1}(q_t) \leq b_c^{-q_t},$$
すなわち，
$$q_t \leq \log_{b_c} W_t - \log_{b_c} W_{t+1}$$
がいえます．よって，c 乱択 2 分法の誤り回数の期待値 $\sum_{t=1}^T q_t$ について，
$$\sum_{t=1}^T q_t \leq \log_{b_c} W_1 - \log_{b_c} W_{T+1} \leq \log_{b_c} N$$
が成り立ちます． □

この定理より，b_c が大きいほど誤り回数の期待値は小さくなることがわかります．したがって，b_c を最大にするパラメータ c を用いた c 乱択 2 分法が最適となります．図 1.2 は，2 分法 ($c=1/2$)，乱択 2 分法 ($c=0$)，および，一般の c に対する c 乱択 2 分法のそれぞれの場合について，関数 $1 - f_c^{-1}(x)$ と b_c^{-x} の関係を図示したものです．

では最後に，最適な (c, b_c) の組について考えてみましょう．まず，任意の $c \in [0, 1/2]$ に対し，関数 $1 - f_c^{-1}(x)$ が点 $(1/2, 1/2)$ を通ること ($1 - f_c^{-1}(1/2) = 1/2$)，および任意の $x \in [0, 1]$ に対して $1 - f_c^{-1}(x) \leq b_c^{-x}$ が成り立つことから，$b_c^{-1/2} \geq 1/2$，すなわち $b_c \leq 4$ が導かれます．したがって，任意の $x \in [0, 1]$ に対し，$1 - f_c^{-1}(x) \leq 4^{-x}$ が成り立つようなパラメータ c が存在すれば，それが最適となります．次の定理は，そのような c が存在することを示しています．

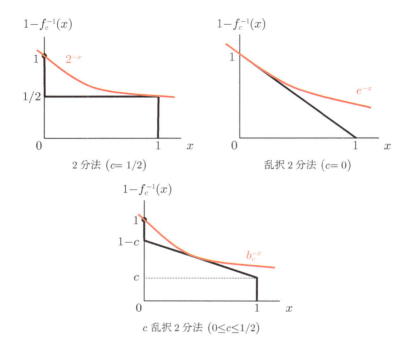

図 1.2 様々なパラメータ c に対する関数 $1 - f_c^{-1}(x)$ とそれを上から抑える指数関数 b_c^{-x}. $c = 1/2$ のとき $b_c = 2$, $c = 0$ のとき $b_c = e$.

> **定理 1.5（最適な c 乱択 2 分法）**
>
> N 人のクイズ王の問題に対し，全問正解のエキスパートが存在すると仮定すると，
> $$c = \frac{1 - \ln 2}{2}$$
> のとき c 乱択 2 分法は最適であり，その誤り回数の期待値は，たかだか $\log_4 N = (1/2) \log_2 N$ です．

証明は簡単なので省略します．

最適な c の値は約 0.15 なので，この結果は，全問正解を続けているエキスパートの約 85% 以上の答えが一致していればその答えに従い，そうではない（意見がある程度以上割れている）場合は，多数派の割合を少し増幅した確率で多数派の答えに，残りの確率で少数派の答えに従うという戦略が優れていることを意味しています．

また，最適な c 乱択 2 分法は，実はすべての乱択アルゴリズムの中でも最適であることを示すことができます．なぜなら，プレイヤーの任意の乱択アルゴリズム A に対し，その誤り回数の期待値を $(1/2)\log_2 N$ 以上にさせつつ全問正解のエキスパートの存在を保証するような敵対者のアルゴリズムが存在するからです．それは，決定的なアルゴリズムに対する敵対者のアルゴリズム B' を，少しだけ変更したものです．ただし，A は乱択アルゴリズムなので，$A(S_t)$ を，サンプル S_t に対してアルゴリズム A が 1 と答える確率 $p_t = \Pr(x_t = 1)$ を表すことにします．変更箇所は，次の 2 箇所です．

- アルゴリズム B' の 3 行目：
  変更前：$y_t = 1 - A(S_t)$
  変更後：$y_t = \begin{cases} 0 & A(S_t) \geq 1/2 \text{ のとき} \\ 1 & A(S_t) < 1/2 \text{ のとき} \end{cases}$
- アルゴリズム B' の 4 行目：
  変更前：$x_t = A(S_t)$ と予測
  変更後：$\Pr(x_t = 1) = A(S_t)$ を満たすように予測

1.3 全問正解のエキスパートが存在するとは限らない場合

では，全問正解のエキスパートが存在するとは限らない，一般の場合に戻りましょう．この場合，任意の決定的なプレイヤー A に対し，敵対者はアルゴリズム B を用いて A を全問不正解にできることはすでに述べました．乱択なプレイヤーに対しても，前節の最後で定義した対乱択プレイヤー用の敵対者のように y_t を定めることにより，誤り回数の期待値を $T/2$ 以上とすることができます．一方，各試行でランダムに答えを予測するプレイヤーの誤り回数の期待値は，どんな敵対者に対しても，ちょうど $T/2$ となります．こ

れらのことから，

1. プレイヤーの誤り回数（の期待値）を評価指標とし，
2. データ系列 $((\bm{z}_1, y_1), \ldots, (\bm{z}_T, y_T))$ の生成のされ方に何の仮定もおかず，
3. プレイヤーの成績を最悪の場合で評価する

という基準のもとでは，各試行でランダムに回答するアルゴリズムが最適であると結論づけることができます．

しかし，この議論は，N 人のエキスパートの振る舞いも含めて最悪の場合を想定しており，極論といわざるを得ません．一方，前節の結果も，「全問正解のエキスパートが存在する」という強い仮定に基づいているという意味では，同じように極論といえるかもしれません．

1.3.1　リグレット

より現実的な問題設定を考えましょう．おそらく，N 人のクイズ王の問題で求められているのは，いずれかのエキスパートが（全問正解とはいかないまでも）よい成績を達成した場合に限り，それなりによい成績を達成することが保証された統合アルゴリズムではないでしょうか．つまり，すべてのエキスパートの成績が悪かったらあきらめるが，誰か 1 人でもよい成績を収めたエキスパートが存在したときには，それなりによい成績を収めたいということです．現実のクイズ王はそんなに間違えないことが期待できるので，このような目標設定は妥当であると考えられます．

この理念に基づいて，アルゴリズムの評価指標を見直してみます．これまでは，評価指標として誤り回数そのものを用いていましたが，以降では，アルゴリズムの誤り回数を，最も成績のよかったエキスパートの誤り回数と比較することで**相対的**に評価するような指標を導入します．その指標は**リグレット**（**regret**）と呼ばれ，オンライン予測の分野では広く受け入れられています．リグレットの定義を以下に与えます．

> **定義 1.1**（N 人のクイズ王の問題に対するリグレット）
>
> N 人のクイズ王の問題に対する乱択アルゴリズム A に対し，敵対者が生成したデータ系列を $S = ((\boldsymbol{z}_1, y_1), \ldots, (\boldsymbol{z}_T, y_T))$ とします．ただし，各 $1 \le t \le T$ に対して，$(\boldsymbol{z}_t, y_t) \in \{0,1\}^N \times \{0,1\}$ です．また，各試行 $t = 1, 2, \ldots, T$ における A の予測値を $x_t \in \{0,1\}$ とします．このとき，アルゴリズム A のデータ系列 S に対するリグレットを
>
> $$\mathrm{Regret}_A(S) = E\left[\sum_{t=1}^T |x_t - y_t|\right] - \min_{1 \le i \le N} \sum_{t=1}^T |z_{t,i} - y_t|.$$
>
> また，総試行回数 T に対するリグレットを
>
> $$\mathrm{Regret}_A(T) = \max_{S \in (\{0,1\}^N \times \{0,1\})^T} \mathrm{Regret}_A(S)$$
>
> と定義します．

$\mathrm{Regret}_A(S)$ の第 1 項と第 2 項はそれぞれ，アルゴリズム A の誤り回数の期待値，および最も成績のよかったエキスパートの誤り回数を表しており，リグレットは，それらの差分として定義されています．したがって，リグレットが小さいほど，アルゴリズムは最優秀なエキスパートに匹敵する成績を収めたことを意味しています．また，$\mathrm{Regret}_A(T)$ は，総試行回数が T のときの，アルゴリズム A の最悪のリグレットを表しています．

これ以降，本書では様々なオンライン予測の問題に対し，N 人のクイズ王の問題の場合と同じように，相対評価のコンセプトに基づいてリグレットを定義します．本書を通じて，リグレット（$\mathrm{Regret}_A(S)$ や $\mathrm{Regret}_A(T)$）を最小化することが，アルゴリズム設計の目標となります．

1.3.2 リグレットの意味について

すべての試行が終わった後で最優秀エキスパート i^* が判明しますが，このときプレイヤーは，

「最初から最後までエキスパート i^* の通りに答えていれば，誤り回数が

$$\sum_t |z_{t,i^*} - y_t| = \min_{1 \leq i \leq N} \sum_t |z_{t,i} - y_t|$$

で済んだのに」

と後悔するかもしれません．そして，その後悔は，自分の成績 $\sum_t |x_t - y_t|$ との差が大きいほど大きくなることでしょう．したがって，リグレットは，この後悔の大きさを定量化したものとみなすことができます．

ただし，一般に，プレイヤーの予測はその後の敵対者のデータ選択に影響を及ぼす可能性があるので，仮にプレイヤーが $x_t = z_{t,i^*}$ のような予測を行った場合，環境は，S とは異なるデータ系列を生成することにより，プレイヤーの誤り回数が $\min_{i^*} \sum_t |z_{t,i^*} - y_t|$ となるとは限りません．これはちょうど，自分の株式投資の仕方が株式相場に影響を及ぼすことに似ています．このように，後悔とはあくまでも仮想的な概念なのです．

また，たとえリグレットが小さいアルゴリズムであっても，本節の冒頭で述べたような敵対者に対しては，依然として誤り回数が $T/2$ 以上となるので，その意味では何も改善されていません．しかし，リグレットが小さいということは，この敵対者は最優秀エキスパートの誤り回数も多くしてしまうはずです．これは，「すべてのエキスパートの成績が悪い」場合に該当するので，そのような場合は「あきらめる」，すなわち，アルゴリズムの成績は不問に付してもよいという立場をとっているわけです．

1.3.3 重みつき平均アルゴリズム

驚くべきことに，乱択2分法をほんの少しだけ変更することで，リグレットの小さいアルゴリズムが得られます．これを見るために，まず，乱択2分法の表現を見直してみます．

乱択2分法は，試行 $t-1$ までのすべての問題に正解したエキスパートの数を W_t，そのうち，試行 t で答えを1と予測しているエキスパートの数を K_t としたとき，確率 $p_t = K_t/W_t$ で $x_t = 1$，確率 $1 - p_t$ で $x_t = 0$ と答えるものでした．この W_t と K_t は，指示変数

$$w_{t,i} = \begin{cases} 1 & \text{エキスパート } i \text{ が試行 } t-1 \text{ まで全問正解のとき} \\ 0 & \text{そうでないとき} \end{cases}$$

を用いて,

$$W_t = \sum_{i=1}^{N} w_{t,i}, \qquad K_t = \sum_{i=1}^{N} w_{t,i} z_{t,i}$$

のように表せます．したがって,

$$p_t = \frac{K_t}{W_t} = \sum_{i=1}^{N} \frac{w_{t,i} z_{t,i}}{W_t}$$

は，各エキスパート i に $w_{t,i}/W_t$ で重みづけを行ったときの，エキスパートの予測 $z_{t,i}$ の重みつき平均ということができます．また，環境から正解 y_t が提示されたとき，指示変数は，定数 $\beta = 0$ を用いて

$$w_{t+1,i} = \begin{cases} w_{t,i} & y_t = z_{t,i} \text{ のとき} \\ w_{t,i}\beta & y_t \neq z_{t,i} \text{ のとき} \end{cases} \tag{1.3}$$

のように更新できることは明らかです（もちろん，初期値 $w_{1,i}$ は 1 としておきます）．

ここで，定数 β を，0 ではなく $0 < \beta < 1$ の適当な値をとるパラメータとすることにより，リグレットが小さいアルゴリズムが得られるのです．これを，**重みつき平均アルゴリズム**（**weighted averaging algorithm**，以下 **WAA**）と呼ぶことにします[*9]．WAA の詳細を，アルゴリズム 1.4 に示します．ただし，指示変数の更新式を，式 (1.3) と等価な

$$w_{t+1,i} = w_{t,i} \beta^{|y_t - z_{t,i}|}$$

で記述しています．さらに，WAA は p_t を出力とし，「$\Pr(x_t = 1) = p_t$ を満たす $x_t \in \{0, 1\}$ をランダムに選び，これを答えとして出力する」という後処理の部分を省略しています．実際，WAA の試行 t における誤り確率は $\Pr(x_t \neq y_t) = |y_t - p_t|$ となります（$y_t \in \{0, 1\}$ の値の場合分けで簡単に確

[*9] 乱択版重みつき多数決アルゴリズム（randomized weighted majority algorithm）と呼ばれることもあります．

アルゴリズム 1.4 重みつき平均アルゴリズム（WAA）

> パラメータ：$\beta \in (0,1)$
> 初期化：$w_{1,i} = 1$ $(i = 1, 2, \ldots, N)$
> 各試行 $t = 1, 2, \ldots, T$ において，以下が行われる．
> 1. エキスパートの予測 $z_t \in \{0,1\}^N$ を入力．
> 2. $W_t = \sum_{i=1}^{N} w_{t,i}$．
> 3. $p_t = \sum_{i=1}^{N} w_{t,i} z_{t,i} / W_t$ を出力．
> 4. 正解 $y_t \in \{0,1\}$ を入力．
> 5. 各 $i = 1, 2, \ldots, N$ に対し，$w_{t+1,i} = w_{t,i} \beta^{|y_t - z_{t,i}|}$．

かめられます），したがって全試行にわたる誤り回数の期待値は $\sum_{t=1}^{T} |y_t - p_t|$ と表せるので，x_t を用いなくてもリグレットを評価することができます．

では，WAA の性能を見てみましょう．次の定理は，WAA の誤り回数の期待値の上界を与えるものです．

定理 1.6（WAA の誤り回数の期待値の上界）

N 人のクイズ王の問題に対する WAA の誤り回数の期待値について，

$$\sum_{t=1}^{T} |y_t - p_t| \leq \frac{\ln(1/\beta)}{1-\beta} \min_{1 \leq i \leq N} \sum_{t=1}^{T} |y_t - z_{t,i}| + \frac{\ln N}{1-\beta}$$

が成り立ちます．

証明．
乱択 2 分法の解析と同じように，比 W_{t+1}/W_t に注目し，この値と試行 t における WAA の誤り確率 $q_t = |y_t - p_t|$ を関連づける等式を導出します．

まず，$|y_t - z_{t,i}| \leq 1$ であることから，
$$\beta^{|y_t-z_{t,i}|} \leq 1 - (1-\beta)|y_t - z_{t,i}|$$
となることがわかります（実際には等号が成り立ちます）．よって，
$$\frac{W_{t+1}}{W_t} = \sum_{i=1}^{N} \frac{w_{t+1,i}}{W_t} = \sum_{i=1}^{N} \frac{w_{t,i}}{W_t} \beta^{|y_t-z_{t,i}|}$$
$$= 1 - (1-\beta) \sum_{i=1}^{N} \frac{w_{t,i}}{W_t}|y_t - z_{t,i}|$$
$$= 1 - (1-\beta)|y_t - p_t| \qquad (1.4)$$
$$= 1 - (1-\beta)q_t \qquad (1.5)$$
が成り立ちます．ここで，等式 (1.4) は，$y_t \in \{0,1\}$ の場合分けと，$p_t = \sum_{i=1}^{N} w_{t,i}z_{t,i}/W_t$ より確かめられます．さらに，任意の実数 x に対して成り立つ不等式 $1 - x \leq e^{-x}$ を用いて，
$$\frac{W_{t+1}}{W_t} \leq e^{-(1-\beta)q_t},$$
すなわち，
$$q_t \leq \frac{1}{1-\beta}(\ln W_t - \ln W_{t+1})$$
を得ます．したがって，
$$\sum_{t=1}^{T} q_t \leq \frac{1}{1-\beta}(\ln W_1 - \ln W_{T+1}) = \frac{1}{1-\beta}(\ln N - \ln W_{T+1}) \qquad (1.6)$$
が成り立ちます．一方，
$$W_{T+1} = \sum_{i=1}^{N} w_{T+1,i} = \sum_{i=1}^{N} \prod_{t=1}^{T} \beta^{|y_t-z_{t,i}|}$$
より，任意の $1 \leq i^* \leq N$ に対して
$$W_{T+1} \geq \prod_{t=1}^{T} \beta^{|y_t-z_{t,i^*}|} = \beta^{\sum_{t=1}^{T}|y_t-z_{t,i^*}|}$$

が成り立ちます．これを式 (1.6) に代入することにより，定理 1.6 を得ます． □

この定理の表す上界は，第 1 項の係数が 1 ではない（1 より大きい）のでリグレットを評価したものではありませんが，WAA が「最優秀エキスパートの成績に匹敵する」という目標をある程度達成できていることを示しています．この定理からリグレットの上界を導出する議論は次項で行います．

ところで，WAA には，等価な別バージョンのアルゴリズムが存在します．それは，$w_{t,i}$ の代わりに，規格化された重み $w'_{t,i} = w_{t,i}/W_t$ を保持・更新するもので，その詳細をアルゴリズム 1.5 に示します．ただし，重み $w'_{t,i}$ を改めて $w_{t,i}$ とおいて記述しています．この重み更新型 WAA は，次のような実装上の利点があります．もとのアルゴリズム 1.4 では，$w_{t,i}$ は試行 $t-1$ までのエキスパート i の誤り回数 $L_{t,i}$ を用いて $w_{t,i} = \beta^{L_{t,i}}$ と表せますが，これは $L_{t,i}$ が大きいほど指数的に小さくなります．したがって，倍精度実数型の変数を用いたとしても，試行回数が数百程度で桁あふれ（アンダーフロー）を起こし，$w_{t,i}$ の値が計算機上では 0 になってしまう恐れがあります．一方，

アルゴリズム 1.5　重み更新型 WAA

> パラメータ：$\beta \in (0, 1)$
> 初期化：$w_{1,i} = 1/N$ $(i = 1, 2, \ldots, N)$
> 各試行 $t = 1, 2, \ldots, T$ において，以下が行われる．
> 1. エキスパートの予測 $\boldsymbol{z}_t \in \{0, 1\}^N$ を入力．
> 2. $p_t = \sum_{i=1}^{N} w_{t,i} z_{t,i}$ を出力．
> 3. 正解 $y_t \in \{0, 1\}$ を入力．
> 4. 各 $i = 1, 2, \ldots, N$ に対し，$w_{t+1,i} = \dfrac{w_{t,i} \beta^{|y_t - z_{t,i}|}}{\sum_{j=1}^{N} w_{t,j} \beta^{|y_t - z_{t,j}|}}$．

重み更新型 WAA は，試行ごとにエキスパートの重み $w_{t,i}$ の和が 1 になるように規格化しているため，エキスパートの誤り回数の差があまり大きくならない限り，桁あふれが起こらないのです．

1.3.4　改良版重みつき平均アルゴリズム c-WAA

さて，乱択 2 分法を c 乱択 2 分法に拡張したときと同じように，WAA にも変換関数 f_c を適用することで，性能が改善されたアルゴリズム c-WAA が得られます．すなわち，c-WAA は，アルゴリズム 1.4 の 3 行目の代わりに，

$$p_t = f_c\left(\sum_{i=1}^N w_{t,i} z_{t,i}/W_t\right)$$

を用いるものです．そうすると，c 乱択 2 分法の性能評価を行ったときと全く同様にして，等式 (1.5) は，c-WAA においては

$$\frac{W_{t+1}}{W_t} = 1 - (1-\beta) f_c^{-1}(q_t)$$

となることを導くことができます．したがって，これを定数 b_c を用いて $b_c^{-q_t}$ で上から抑えることにより，c-WAA の誤り回数の期待値の上界

$$\sum_{t=1}^T |y_t - p_t| \leq \left(\log_{b_c}\frac{1}{\beta}\right) \min_{1 \leq i \leq N} \sum_{t=1}^T |y_t - z_{t,i}| + \log_{b_c} N$$

が得られます．この上界は，b_c が大きいほど小さくなるので，b_c を最大にする c を選ぶことにより，（パラメータ β 固定のもとで）最適な c-WAA が得られます．この結果を，次の定理としてまとめておきます．

> **定理 1.7（最適な c-WAA の誤り回数の期待値の上界）**
>
> N 人のクイズ王の問題に対し，
>
> $$c = \frac{1}{2}\left(1 - \frac{1+\beta}{1-\beta}\ln\frac{2}{1+\beta}\right)$$
>
> のとき c-WAA は最適で $b_c = (2/(1+\beta))^2$ となり，その誤り回数の期待値について，
>
> $$\sum_{t=1}^{T}|y_t - p_t| \leq \frac{\ln(1/\beta)}{2\ln\frac{2}{1+\beta}} \min_{1\leq i \leq N}\sum_{t=1}^{T}|y_t - z_{t,i}| + \frac{\ln N}{2\ln\frac{2}{1+\beta}}$$
>
> が成り立ちます．

1.3.5　パラメータ β の選択と WAA のリグレット上界の導出

いよいよ，WAA のリグレット上界を導出します[*10]．最優秀エキスパートの誤り回数を $M_{\min} = \min_{1\leq i \leq N}\sum_{t=1}^{T}|y_t - z_{t,i}|$，関数 c_1 と c_2 を，それぞれ $c_1(\beta) = \{\ln(1/\beta)\}/(1-\beta)$，$c_2(\beta) = 1/(1-\beta)$ とおくと，定理 1.6 に示した WAA の誤り回数の期待値 M の上界は，

$$M \leq c_1(\beta)M_{\min} + c_2(\beta)\ln N$$

と書くことができます．これからリグレット上界を導出するには，パラメータ β のチューニングが必要です．まず，係数 $c_1(\beta)$ と $c_2(\beta)$ の振る舞いをみてみましょう（図 1.3 参照）．c_1 は単調減少，c_2 は単調増加関数で，どちらも凸関数であることがわかります．したがって，上界を最小にする最適な β の値はただ 1 つ存在しますが，その値は $M_{\min}$ に依存するため，あらかじめ設定することができません．

そこでまず，$M_{\min}$ の上界 M^* が既知の場合について考えます．これは，たとえば N 人のクイズ王のうち，少なくとも 1 人はたかだか $M^* = 5$ 回しか間違えないだろうということが確信をもっていえる場合に該当します．こ

[*10] c-WAA のリグレットは WAA の定数倍しか違わないので，ここでは WAA について考えます．

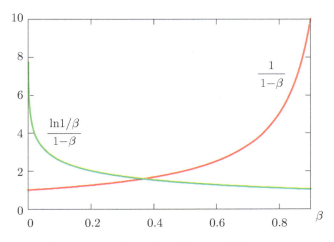

図 1.3 WAA の誤り回数の上界に現れる係数について.

のとき,WAA のリグレット $M - M_{\min}$ は

$$M - M_{\min} \leq (c_1(\beta) - 1)M^* + c_2(\beta) \ln N \tag{1.7}$$

で上から抑えられるので,この右辺を最小にする β を選べばよいことになります.次の定理は,最適な β を近似的に求めることによって導出した WAA のリグレット上界を与えています.

> **定理 1.8(WAA のリグレット上界 — M^* が既知の場合)**
>
> N 人のクイズ王の問題に対し,パラメータ
>
> $$\beta = \frac{1}{1 + \sqrt{\frac{2 \ln N}{M^*}}}$$
>
> を用いた WAA のリグレットは,最優秀なエキスパートの誤り回数が M^* 以下のとき,たかだか
>
> $$\sqrt{2M^* \ln N} + \ln N$$
>
> です.

証明.

$\beta = 1/(1+x)$ を満たす変数 x を導入し，関数 c_1 と c_2 を x の関数で表すと，それぞれ

$$c_1(x) = \frac{(1+x)\ln(1+x)}{x}$$
$$c_2(x) = \frac{1+x}{x}$$

となります．ただし，x の範囲は $x > 0$ です．関数 c_1 は x に関して上に凸なので，$x = 0$ における接線 $(x/2) + 1$ で上から抑えられます．すなわち，

$$c_1(x) \leq \frac{x}{2} + 1$$

が成り立ちます．これらを式 (1.7) に代入すると，WAA のリグレット上界

$$M - M_{\min} \leq \frac{x}{2} M^* + \frac{1+x}{x} \ln N \tag{1.8}$$

が得られます．この上界は，

$$x = \sqrt{\frac{2 \ln N}{M^*}}$$

のときに最小となり，これを式 (1.8) に代入することにより，定理 1.8 が得られます． □

この定理は，$M^* = 0$ のとき，すなわち，全問正解のエキスパートが存在するときは，$\beta = 0$ で $\ln N$ のリグレットが達成できることを示していますが，これは，乱択 2 分法のリグレット上界を示す定理 1.3 そのものになっています．

一方，この定理は，最優秀エキスパートの誤り回数 $M_{\min}$ を M^* に制限しているため，任意のデータ系列 $S = ((z_1, y_1), \ldots, (z_T, y_T))$ に対して成立するものにはなっていません．

任意のデータ系列に対して成立するリグレット $\mathrm{Regret}_{\mathrm{WAA}}(T)$ の上界を導出する素朴な方法は，$M_{\min}$ の自明な上界 $M^* = T$ を用いて

$$\beta = \frac{1}{1 + \sqrt{\frac{2\ln N}{T}}}$$

とおくことです（ただし，そのためには T が既知である必要があります）．

こうすると，確かに定理 1.8 より，

$$\text{Regret}_{\text{WAA}}(T) \leq \sqrt{2T \ln N} + \ln N$$

を導出することができます．

しかし，$\text{Regret}_{\text{WAA}}(T)$ については，定理 1.6 を見直すことにより，より厳密な上界を与えることができます．定理 1.6 の証明では，式 (1.5) に示す不等式

$$\frac{W_{t+1}}{W_t} \leq 1 - (1-\beta)q_t$$

から，近似式 $\ln(1-x) \leq -x$ を用いて得られる不等式

$$\ln \frac{W_{t+1}}{W_t} \leq \ln(1 - (1-\beta)q_t) \leq -(1-\beta)q_t$$

が重要な役割を果たしていました．この不等式は，q_t が小さいとき（すなわち $M_{\min}$ が小さいとき）はよい近似を与えるのですが，そうでないときには，あまりよいものではありません．そこで，$\ln(1-x) \leq -x$ の代わりに，任意の実数 $\eta > 0$ と $x \in [0,1]$ に対して成立する不等式

$$\ln(1 - (1-e^{-\eta})x) \leq -\eta x + \frac{\eta^2}{8} \tag{1.9}$$

を用いることにします．$\eta = \ln(1/\beta)$（すなわち $\beta = e^{-\eta}$），$x = q_t$ とおいて式 (1.9) を適用することにより，

$$\ln \frac{W_{t+1}}{W_t} \leq \ln(1 - (1-\beta)q_t) \leq -\eta q_t + \frac{\eta^2}{8}$$

が得られます．この部分以外は，定理 1.6 の証明と同様にして，

$$\text{Regret}_{\text{WAA}}(T) \leq \frac{\eta T}{8} + \frac{\ln N}{\eta}$$

を導くことが容易にできます．これより，ただちに以下の系が得られます．

系 1.9 (WAA のリグレット上界 — T が既知の場合)

N 人のクイズ王の問題に対し,
$$\beta = e^{-\eta}, \quad \eta = \sqrt{8(\ln N)/T}$$
を用いた WAA の, 総試行回数 T に対するリグレットについて,
$$\mathrm{Regret}_{\mathrm{WAA}}(T) \leq \sqrt{\frac{T \ln N}{2}}$$
が成り立ちます.

式 (1.9) は自明ではないので, その証明を以下に与えます.

補題 1.10 (系 1.9 導出のキーとなる不等式)

任意の実数 $\eta > 0$ と $x \in [0,1]$ に対し,
$$\ln(1 - x + xe^{-\eta}) \leq -\eta x + \frac{\eta^2}{8}$$
が成り立ちます.

証明.

関数 $f(\eta) = \ln(1 - x + xe^{-\eta})$ について考えます.
$$f'(\eta) = \frac{-xe^{-\eta}}{1 - x + xe^{-\eta}},$$
$$f''(\eta) = \frac{x(1-x)e^{-\eta}}{(1 - x + xe^{-\eta})^2}$$

より, $f(0) = 0$, $f'(0) = -x$. さらに, 相加相乗平均に関する不等式 $\sqrt{ab} \leq (a+b)/2$ に $a = 1-x$, $b = xe^{-\eta}$ を代入することにより, $f''(\eta) \leq 1/4$ が成り立つことがわかります. したがって, テイラーの定理より, ある $\eta_0 > 0$ を用いて
$$f(\eta) = f(0) + f'(0)\eta + \frac{f''(\eta_0)}{2}\eta^2$$
と表せるので, $f(\eta) \leq -\eta x + \eta^2/8$ が導けました. □

1.3.6 β の自動調整 — ダブリング・トリック

最優秀エキスパートの誤り回数 $M_{\min}$ や総試行回数 T に関する事前知識がない場合，定理 1.8 や系 1.9 に示すような方法でパラメータ β を（あらかじめ）選択することができません．この場合は，β を N のみに依存するものとして定めるしかありませんが，β をどのように選んでも，十分大きい T に対して $\text{Regret}_{\text{WAA}}(T) = \Omega(T)$ となってしまうことを示すことができます．

そこで，1.3 節の最後に，WAA の改良版として，$M_{\min}$ の上界 M^* を推測しながら動的にパラメータ β を調整するアルゴリズムを与えます．これは，$M_{\min}$ が現在の推測値 M^* に達したことが判明したときに，M^* を 2 倍してパラメータ β を再設定し，WAA を初期状態に戻して走らせるというものです．このように，推測値を 2 倍（定数倍）にしながらパラメータを動的に調整する手法は極めて汎用性が高く，基本的に本書のすべてのアルゴリズムに適用することが可能です[*11]．この手法は，一般に**ダブリング・トリック**（**doubling trick**）と呼ばれます．アルゴリズムの概要をアルゴリズム 1.6 に示します．ただし，WAA(M^*) は，パラメータ $\beta = 1/(1+\sqrt{(2\ln N)/M^*})$ を用いた WAA （アルゴリズム 1.5 の 1〜4 の部分）を表し，t_0 は，現在の推測値 M^* がはじめて使われた試行回を表しています．

アルゴリズム 1.6 WAA + ダブリング・トリック

初期化：$M^* = 4\ln N$, $\boldsymbol{w}_1 = (1/N, \ldots, 1/N)$, $t_0 = 1$
各試行 $t = 1, 2, \ldots, T$ において，以下が行われる．

1. WAA(M^*) を実行．
2. $\min_{1 \leq i \leq N} \sum_{\tau=t_0}^{t} |y_\tau - z_{\tau,i}| \geq M^*$ ならば，
   $M^* = 2M^*$, $t_0 = t+1$, $\boldsymbol{w}_{t+1} = (1/N, \ldots, 1/N)$

[*11] 総試行回数 T の上界を推測値として本手法を適用することが多いです．

> **定理 1.11（WAA + ダブリング・トリック のリグレット上界）**
>
> アルゴリズム 1.6 を A と記すことにします．N 人のクイズ王の問題において，任意のデータ系列 $S = ((\boldsymbol{z}_1, y_1), \ldots, (\boldsymbol{z}_T, y_T))$ に対する A のリグレットは，
>
> $$\mathrm{Regret}_A(S) \leq \frac{4\sqrt{M_{\min} \ln N}}{\sqrt{2}-1} + 4\ln N$$
>
> を満たします．ただし，
>
> $$M_{\min} = \min_{1 \leq i \leq N} \sum_{t=1}^{N} |y_t - z_{t,i}|$$
>
> とします．

証明．

$M_0 = 4\ln N$ とおきます．$M^* \geq M_0$ を満たす任意の M^* に対し，

$$\sqrt{2M^* \ln N} + \ln N \leq \sqrt{2M^* \ln N} + \sqrt{(M^*/4)\ln N} \leq 2\sqrt{M^* \ln N} \quad (1.10)$$

が成り立つことに注意してください．

まず，$M_{\min} < M_0$ の場合について考えます．この場合，アルゴリズムは初期の推測値 $M^* = M_0 > M_{\min}$ を更新せず WAA(M^*) と同じ予測を行うので，定理 1.8 と式 (1.10) より，

$$\mathrm{Regret}_A(S) = \mathrm{Regret}_{\mathrm{WAA}(M^*)}(S) \leq 2\sqrt{M_0 \ln N} = 4\ln N. \quad (1.11)$$

$M_{\min} \geq M_0$ の場合には，推測値 M^* は $2^m M_0$ ($m = 0, 1, \ldots, \lceil \log_2 \frac{M_{\min}}{M_0} \rceil$) の値を順番にとります．各 m に対し，$M^* = 2^m M_0$ を満たす試行期間を第 m フェーズと呼び，第 m フェーズに生成されたデータ系列 S の部分列を S_m とします．第 m フェーズにおいては，アルゴリズムはデータ系列 S_m に対する WAA($2^m M_0$) と同じ予測を行うことより，このフェーズにおけるリグレット R_m は $\mathrm{Regret}_{\mathrm{WAA}(2^m M_0)}(S_m)$ に等しく，さらに，データ系列 S_m における最優秀エキスパートの誤り回数は $2^m M_0$ を超えないことより，定理 1.8 と式 (1.10) を用いて，

が成り立ちます．したがって，

$$R_m \leq 2\sqrt{2^m M_0 \ln N}$$

$$\mathrm{Regret}_A(S) \leq \sum_{m=0}^{\lceil \log_2 \frac{M_{\min}}{M_0} \rceil} R_m \leq \sum_{m=0}^{\lceil \log_2 \frac{M_{\min}}{M_0} \rceil} 2\sqrt{2^m M_0 \ln N}$$

$$\leq 2\sqrt{M_0 \ln N} \frac{2\sqrt{\frac{M_{\min}}{M_0}} - 1}{\sqrt{2} - 1}$$

$$\leq \frac{4\sqrt{M_{\min} \ln N}}{\sqrt{2} - 1}.$$

これと式 (1.11) より定理 1.11 が得られます． □

1.4 エキスパート統合問題

これまで，エキスパート統合問題の 1 例として，N 人のクイズ王の問題を取り上げてきました．ここからは，この問題を拡張したエキスパート統合問題について考えます．

エキスパート統合問題は，3 つ組 $(\mathcal{X}, \mathcal{Y}, \ell)$ によって定義されます．ここで，$\mathcal{X}$ と $\mathcal{Y}$ は集合，ℓ は $\mathcal{X} \times \mathcal{Y}$ から $[0, \infty]$ への関数で，それぞれ，予測値の集合，結果値の集合，損失関数と呼ぶことにします．エキスパート統合問題 $(\mathcal{X}, \mathcal{Y}, \ell)$ は，プレイヤーと敵対者との間のプロトコルとして，次のように記述されます．

エキスパート統合問題 $(\mathcal{X}, \mathcal{Y}, \ell)$

各試行 $t = 1, 2, \ldots, T$ において，以下が行われる．

1. 敵対者は，$\boldsymbol{z}_t = (z_{t,1}, \ldots, z_{t,N}) \in \mathcal{X}^N$ をプレイヤーに提示．ここで，$z_{t,i} \in \mathcal{X}$ は，試行 t における i 番目のエキスパートの予測値を表す．
2. プレイヤーは $p_t \in \mathcal{X}$ を選び，これを出力．
3. 敵対者は，結果値 $y_t \in \mathcal{Y}$ をプレイヤーに提示．
4. プレイヤーは損失 $\ell(p_t, y_t)$ を被る．

予測値や結果値はスカラー値とは限らず，ある次元数 $d \geq 2$ に対して $\mathcal{X} \subseteq \mathbb{R}^d$ などということも考えられるので，上記プロトコルの $z_{t,i}$, p_t, y_t はそれぞれベクトル（z_t はベクトルの系列）である可能性があります．これ以降，これらがベクトルであることを明示したいときは，ベクトルの表記法に従い，太字で表すことにします．

プレイヤーの目標は，これまでと同様に，最優秀エキスパートの成績に匹敵するような成績を収めることですが，この問題では，プレイヤーと各エキスパート i の成績を，誤り回数の代わりに累積損失，すなわち，$\sum_{t=1}^{T} \ell(p_t, y_t)$ や $\sum_{t=1}^{T} \ell(z_{t,i}, y_t)$ で評価します．これに伴い，リグレットの概念も，プレイヤーと最優秀エキスパートの累積損失の差として，次のように自然に定義します．

定義 1.2（エキスパート統合問題に対するリグレット）

エキスパート統合問題 $(\mathcal{X}, \mathcal{Y}, \ell)$ に対するプレイヤーのアルゴリズム A に対して，敵対者が生成したデータ系列を $S = ((z_1, y_1), \ldots, (z_T, y_T)) \in (\mathcal{X}^N \times \mathcal{Y})^*$ とします．また，各試行 $t = 1, 2, \ldots, T$ における A の予測値を $p_t \in \mathcal{X}$ とします．このとき，アルゴリズム A のデータ系列 S に対するリグレットを

$$\mathrm{Regret}_A(S) = \sum_{t=1}^{T} \ell(p_t, y_t) - \min_{1 \leq i \leq N} \sum_{t=1}^{T} \ell(z_{t,i}, y_t).$$

また，総試行回数 T に対するリグレットを

$$\mathrm{Regret}_A(T) = \max_{S \in (\mathcal{X}^N \times \mathcal{Y})^T} \mathrm{Regret}_A(S)$$

と定義します．

ここでは，議論を簡単にするために乱択アルゴリズムは考えていません．プレイヤーの目標は，リグレットを最小化することです．

1.4.1 N 人のクイズ王の問題

N 人のクイズ王の問題は，$\mathcal{X} = [0,1]$，$\mathcal{Y} = \{0,1\}$，$\ell(p,y) = |p-y|$ に対するエキスパート統合問題 $(\mathcal{X}, \mathcal{Y}, \ell)$ に相当します．ただし，N 人のクイズ王の問題では，エキスパートの予測値を $\boldsymbol{z}_t \in \{0,1\}^N$ に限定していましたが，上の定義では $\boldsymbol{z}_t \in \mathcal{X}^N = [0,1]^N$ に拡張されています．つまり，各エキスパートは，0か1だけでなく，0.3や0.9のような予測をすることも許されています．このように問題を拡張しても WAA の性能は変わることなく，定理 1.6（したがって，定理 1.8 や系 1.9 や定理 1.11）がそのまま成立します．なぜなら，定理 1.6 の証明がそのまま成立するからです．

1.4.2 オンライン配分問題

オンライン配分問題（online allocation problem） とは，複数の株，複数のアルゴリズム，複数のサーバなど，一般に複数の選択肢が与えられたときに，お金や CPU 時間やジョブなどを各選択肢へうまく配分することにより損失を最小化（報酬を最大化）することを目指すような問題の総称で，極めて広範にわたる問題の理論モデルとなるものです．ここでは，株への投資問題を例に説明します．

各試行において，K 個の銘柄の株に，合計がちょうど1万円になるように分散投資する問題について考えます．各取引日 $t = 1, 2, \ldots, T$ において，プレイヤーは，取引開始時刻に各エキスパート i の提案する投資ベクトル $\boldsymbol{z}_{t,i} = (z_{t,i}(1), \ldots, z_{t,i}(K)) \in \mathcal{P}_K$ を統合して，実際の投資ベクトル $\boldsymbol{p}_t = (p_t(1), \ldots, p_t(K)) \in \mathcal{P}_K$ を定め，銘柄 j の株を $p_t(j)$ 万円の金額で買うとします．ただし，$\mathcal{P}_K = \{\boldsymbol{p} \in [0,1]^K \mid \sum_{j=1}^{K} p(j) = 1\}$ は，K 次元の確率ベクトル（投資ベクトル）の集合を表します．そして，取引終了時刻に，プレイヤーはすべての株を売却して換金します．このとき，株 j の株価の上昇率を $r_t(j)$ とすると，プレイヤーの報酬は $\sum_{j=1}^{K} p_t(j) r_t(j) - 1$ で与えられます．ここで，定数項の -1 は，最初に投資した1万円の分です．便宜上，株価の上昇率の上限 $B > 0$ が既知であるとし，結果値（ベクトル）$\boldsymbol{y}_t$ を $y_t(j) = (B - r_t(j))/B \in [0,1]$ のように定めると，プレイヤーの報酬は $B - 1 - B\sum_{j=1}^{K} p_t(j) y_t(j)$，すなわち，プレイヤーの損失は

$B \sum_{j=1}^{K} p_t(j) y_t(j) + 1 - B$ で与えられます．ここで，第 2 項の定数 $1 - B$ はリグレット（累積損失の差）では打ち消し合うので無視することができ，さらに第 1 項の係数 B もリグレットが B 倍されることに注意して無視すると，この問題は，$\mathcal{X} = \mathcal{P}_K$，$\mathcal{Y} = [0,1]^K$，$\ell(\boldsymbol{p}, \boldsymbol{y}) = \sum_{j=1}^{K} p(j) y(j)$ に対するエキスパート統合問題 $(\mathcal{X}, \mathcal{Y}, \ell)$ とみなすことができます．

この問題は，N 人のクイズ王の問題に還元することができ，定理 1.11 で示すリグレットが成立します．ただし，$M_{\min} = \min_{1 \le i \le N} \sum_{t=1}^{T} \ell(\boldsymbol{z}_{t,i}, \boldsymbol{y}_t)$ は最優秀なエキスパートの累積損失を表します．還元については，1.5.2 項で説明します．

1.4.3 重みつき平均アルゴリズム

予測値の集合 $\mathcal{X}$ が凸集合のとき，エキスパートの予測値の重みつき平均（凸結合）もまた $\mathcal{X}$ に属する（A.3 節参照）ことから，重みつき平均アルゴリズム（WAA）を，一般的なエキスパート統合問題に対しても適用できるように，自然に拡張することができます．WAA の詳細をアルゴリズム 1.7 に示します．ただし，便宜上，パラメータ $\beta \in (0,1)$ の代わりに，$\beta = e^{-\eta}$ を満たす $\eta > 0$ を用いています．

WAA は，N 人のクイズ王の問題に対して $O(\sqrt{T \ln N})$ のリグレット上界をもつことを示しました．以下では，損失関数 ℓ がある意味で強い凸性をもつという条件のもとでは，WAA は，どの問題 $(\mathcal{X}, \mathcal{Y}, \ell)$ に対しても一様に $O(\ln N)$ という T に依存しないリグレット上界をもつという，驚くべき結果を示します．このリグレット上界を特徴づける，損失関数 ℓ の凸性に関する性質を，exp 凹性（**exp-concavity**）と呼びます．

アルゴリズム 1.7 $\mathcal{X}$ が凸集合のときのエキスパート統合問題 $(\mathcal{X}, \mathcal{Y}, \ell)$ に対する WAA

> パラメータ：$\eta > 0$
> 初期化：$w_{1,i} = 1/N$ $(i = 1, 2, \ldots, N)$
> 各試行 $t = 1, 2, \ldots, T$ において，以下が行われる．
> 1. エキスパートの予測 $\boldsymbol{z}_t \in \mathcal{X}^N$ を入力．
> 2. $p_t = \sum_{i=1}^{N} w_{t,i} z_{t,i} \in \mathcal{X}$ を出力．
> 3. 結果値 $y_t \in \mathcal{Y}$ を入力．
> 4. 損失 $\ell(p_t, y_t)$ を被る．
> 5. 各 $i = 1, 2, \ldots, N$ に対し，$w_{t+1,i} = \dfrac{w_{t,i} e^{-\eta \ell(y_t, z_{t,i})}}{\sum_{j=1}^{N} w_{t,j} e^{-\eta \ell(y_t, z_{t,j})}}$．

定義 1.3（η-exp 凹性）

実数 $\eta > 0$ に対し，損失関数 $\ell : \mathcal{X} \times \mathcal{Y} \to [0, \infty]$ が η-exp 凹 (η-exp concave) であるとは，任意に固定された $y \in \mathcal{Y}$ に対して，関数 $g(p) = e^{-\eta \ell(p,y)}$ が予測値集合 $\mathcal{X}$ 上で上に凸であるときをいいます．

損失関数の exp 凹性は，第 2 章で述べるオンライン凸最適化のリグレット解析においても重要な役割を果たしています．

損失関数の凸性と exp 凹性がどのように関係しているのかは後で述べるとして，まず，その驚くべき結果を定理として次に示します．

定理 1.12（WAA のリグレット上界）

エキスパート統合問題 $(\mathcal{X}, \mathcal{Y}, \ell)$ において，損失関数 ℓ が，ある実数 $\eta > 0$ に対して η-exp 凹であるとします．このとき，この η をパラメータとして用いる WAA の性能について，

$$\mathrm{Regret}_{\mathrm{WAA}}(T) \leq \frac{\ln N}{\eta}$$

が成り立ちます．

この証明のために，**カルバック・ライブラー・ダイバージェンス**（**Kullback-Leibler divergence**）（KL ダイバージェンス，相対エントロピーともいう）の概念を用いるので，まず，その定義を与えます．

定義 1.4（KL ダイバージェンス）

N 次元の確率ベクトルの集合を

$$\mathcal{P}_N = \left\{ \boldsymbol{w} \in [0,1]^N \,\bigg|\, \sum_{i=1}^{N} w_i = 1 \right\}$$

と表記します．$\mathcal{P}_N$ 上の KL ダイバージェンスとは，任意の $\boldsymbol{u}, \boldsymbol{w} \in \mathcal{P}_N$ に対し，

$$D_{KL}(\boldsymbol{u}, \boldsymbol{w}) = \sum_{i=1}^{N} u_i \ln \frac{u_i}{w_i}$$

で定義される関数 $D_{KL} : \mathcal{P}_N \times \mathcal{P}_N \to [0, \infty]$ です．

1.4 エキスパート統合問題

定理 1.12 の証明.
確率ベクトル $\boldsymbol{u} \in \mathcal{P}_N$ を任意に固定します．このとき，

$$D_{KL}(\boldsymbol{u}, \boldsymbol{w}_t) - D_{KL}(\boldsymbol{u}, \boldsymbol{w}_{t+1}) = \sum_{i=1}^{N} u_i \ln \frac{w_{t+1,i}}{w_{t,i}}$$

$$= \sum_{i=1}^{N} u_i \ln \frac{e^{-\eta \ell(z_{t,i}, y_t)}}{\sum_{j=1}^{N} w_{t,j} e^{-\eta \ell(z_{t,j}, y_t)}}$$

$$= -\eta \sum_{i=1}^{N} u_i \ell(z_{t,i}, y_t)$$

$$- \ln \left(\sum_{j=1}^{N} w_{t,j} e^{-\eta \ell(z_{t,j}, y_t)} \right)$$

が成り立ちます．また，仮定より，損失関数 ℓ は η-exp 凹，すなわち，関数 $f(z) = e^{-\eta \ell(z, y_t)}$ は z について上に凸なので，イェンゼンの不等式[*12] より，

$$\sum_{j=1}^{N} w_{t,j} e^{-\eta \ell(z_{t,j}, y_t)} = \sum_{j=1}^{N} w_{t,j} f(z_{t,j}) \leq f\left(\sum_{j=1}^{N} w_{t,j} z_{t,j} \right) = f(p_t)$$

が得られます．これらより，

$$D_{KL}(\boldsymbol{u}, \boldsymbol{w}_t) - D_{KL}(\boldsymbol{u}, \boldsymbol{w}_{t+1}) \geq -\eta \sum_{i=1}^{N} u_i \ell(z_{t,i}, y_t) + \eta \ell(p_t, y_t)$$

が成り立ちます．この不等式を $t = 1, \ldots, T$ にわたって足し合わせることにより，

$$\sum_{t=1}^{T} \ell(p_t, y_t) - \sum_{i=1}^{N} u_i \sum_{t=1}^{T} \ell(z_{t,i}, y_t) \leq \frac{1}{\eta} \left(D_{KL}(\boldsymbol{u}, \boldsymbol{w}_1) - D_{KL}(\boldsymbol{u}, \boldsymbol{w}_{T+1}) \right)$$

$$\leq \frac{1}{\eta} D_{KL}(\boldsymbol{u}, \boldsymbol{w}_1)$$

が得られます．ここで，最優秀エキスパートの集合を

[*12] 定理 A.3 参照．ただし定理 A.3 は凸関数に対するものなので，不等号の向きが逆になっていることに注意．

とし，

$$I = \{i \mid i \in \arg\min_{1 \leq j \leq N} \sum_{t=1}^{T} \ell(z_{t,j}, y_t)\}$$

$$u_i = \begin{cases} 1/|I| & i \in I \text{ のとき} \\ 0 & \text{それ以外} \end{cases}$$

とおくことにより

$$\sum_{t=1}^{T} \ell(p_t, y_t) - \min_{1 \leq i \leq N} \sum_{t=1}^{T} \ell(z_{t,i}, y_t) \leq \frac{1}{\eta} \ln \frac{N}{|I|} \leq \frac{\ln N}{\eta}$$

が得られます．この等式は，任意のデータ系列について成り立つので，定理 1.12 が証明できました．　□

損失関数が η-exp 凹であるための一般的な条件については，2.4 節で詳しく述べます．ここでは，予測値が実数（すなわち $\mathcal{X} \subseteq \mathbb{R}$）で損失関数 $\ell(p, y)$ が p について 2 回微分可能であるという単純な場合について，ℓ が η-exp 凹であるための必要十分条件を与えます．次の定理において，$\ell'(p, y)$ と $\ell''(p, y)$ は，それぞれ，y を固定したときの関数 $f(p) = \ell(p, y)$ の p に関する 1 階導関数と 2 階導関数を表しています．

定理 1.13（η-exp 凹であるための必要十分条件）

$\mathcal{X}$（$\subseteq \mathbb{R}$）上で 2 回微分可能な損失関数 $\ell : \mathcal{X} \times \mathcal{Y} \to \mathbb{R}$ が η-exp 凹であるための必要十分条件は，任意の $y \in \mathcal{Y}$，任意の $p \in \mathcal{X}$ に対して，

$$\ell''(p, y) \geq \eta \left(\ell'(p, y)\right)^2$$

が成り立つことです．

証明．

ℓ が 2 回微分可能なので，任意に固定された $y \in \mathcal{Y}$ に対して，関数 $g(p) = e^{-\eta \ell(p, y)}$ も 2 回微分可能となります．実際，

$$g''(p) = \eta e^{-\eta \ell(p, y)} \left(\eta (\ell'(p, y))^2 - \ell''(p, y)\right).$$

定義より，ℓ が η-exp 凹であるための必要十分条件は，任意の $p \in \mathcal{X}$ に対して g が上に凸，すなわち $g''(p) \leq 0$ が成り立つことですので，定理 1.13 が成り立ちます． □

この定理から，損失関数 ℓ が η-exp 凹であるためには，$\ell''(p, y) \geq 0$, すなわち ℓ が凸であることが必要であることがわかります．さらに，

$$\eta_\ell = \inf_{(p,y) \in \mathcal{X} \times \mathcal{Y}} \frac{\ell''(p, y)}{(\ell'(p, y))^2} > 0$$

が成り立つとき，損失関数 ℓ は，任意の $\eta \leq \eta_\ell$ に対して η-exp 凹である一方，任意の $\eta > \eta_\ell$ に対しては η-exp 凹ではないことがわかります．すなわち，η_ℓ は，ℓ が η-exp 凹になるような η の最大値であり，この η_ℓ をパラメータとして用いる WAA が，定理 1.12 に示すリグレット上界を最小とすることがわかります．この結果を，系としてまとめておきます．

系 1.14（WAA のリグレット上界）

エキスパート統合問題 $(\mathcal{X}, \mathcal{Y}, \ell)$ において，

$$\eta_\ell = \inf_{(p,y) \in \mathcal{X} \times \mathcal{Y}} \frac{\ell''(p, y)}{(\ell'(p, y))^2} > 0$$

が成り立つとすると，η_ℓ をパラメータとして用いる WAA の性能について，以下が成り立ちます．

$$\mathrm{Regret}_{\mathrm{WAA}}(T) \leq \frac{\ln N}{\eta_\ell}.$$

表 1.1 に，$\mathcal{X} = \mathcal{Y} = [0, 1]$ の場合のいくつかの損失関数に対する η_ℓ の値を示します．相対エントロピー損失関数は，y を $\{0, 1\}$ に限定したときは，アルファベット $\Sigma = \{0, 1\}$ 上の分布 $(p, 1-p)$ に対する対数損失関数とも呼ばれます．また，クイズ王の問題に対応する絶対値損失関数の η_ℓ の値が 0 であることは，クイズ王の問題が $O(\ln N)$ のリグレットをもたないことの 1 つの説明になっています．

表 1.1　様々な損失関数 $\ell : [0,1] \times [0,1] \to \mathbb{R}$ に対する η_ℓ.

損失関数	$\ell(p, y)$	η_ℓ
2 次損失	$(p - y)^2$	$1/2$
相対エントロピー損失	$(1-y) \ln \frac{1-y}{1-p} + y \ln \frac{y}{p}$	1
ヘリンジャー損失	$\frac{1}{2}\left((\sqrt{1-y} - \sqrt{1-p})^2 + (\sqrt{y} - \sqrt{p})^2\right)$	1
絶対値損失	$|p - y|$	0

1.4.4　対数損失と情報圧縮

アルファベット $\Sigma = \{1, \ldots, K\}$ 上の確率的言語モデルの集合 $\Theta = \{\theta_1, \ldots, \theta_N\}$ が与えられているとします．各モデル θ_i は，記号列 $(y_1, \ldots, y_{t-1}) \in \Sigma^*$ が与えられると，Σ 上の確率分布 $\boldsymbol{z}_{t,i} = (z_{t,i}(1), \ldots, z_{t,i}(K)) \in \mathcal{P}_K$ を生成するものです．ここで，$z_{t,i}(j)$ は，次に現れる記号 y_t が j であろうという確信の大きさを表したものと解釈され，

$$z_{t,i}(j) = \Pr(y_t = j \mid y_1, \ldots, y_{t-1}, \theta_i)$$

のように表記されます．したがって，モデル θ_i の尤度，すなわち，θ_i が系列 $S = (y_1, \ldots, y_T) \in \Sigma^*$ に割り当てる確率は，

$$\Pr(S|\theta_i) = \prod_{t=1}^{T} \Pr(y_t \mid y_1, \ldots, y_{t-1}, \theta_i) = \prod_{t=1}^{T} z_{t,i}(y_t)$$

で与えられます．たとえば，N グラムモデル，隠れマルコフモデル，確率文脈自由文法などが確率的言語モデルの例として挙げられます．

確率的言語モデルは，算術符号と組み合わせることによって情報圧縮に用いることができます．確率的言語モデル θ_i と組み合わせた算術符号器の動きは次の通りです．

記号列 $S = (y_1, \ldots, y_T) \in \Sigma^*$ が与えられているとします．各試行 $t = 1, 2, \ldots, T$ において，算術符号器はモデル θ_i から確率分布 $\boldsymbol{z}_{t,i}$ と実際の記号 y_t を受け取ると，2 進符号列 $\zeta_t \in \{0, 1\}^*$ を出力します（ζ_t は空系列の場合があります）．$t = T$ に達し，系列 S をすべて読み終えたとき，得られた符号列の連接 $\zeta_1 \cdots \zeta_T$ は S の瞬時復号可能な符号となっており，その符号長は，

$$\lceil -\log_2 \Pr(S|\theta_i) \rceil = \left\lceil \sum_{t=1}^{T} -\log_2 z_{t,i}(y_t) \right\rceil$$

となることが知られています．よって，尤度の大きいモデルを用いるほど，長さの短い符号が生成できることになります．

そこで，Θ の N 個のモデルを統合して，最適なモデルに匹敵する性能を有する新しい言語モデルを構築する問題について考えます．この問題は，次のようなプロトコルとして記述できます．

各試行 $t = 1, \ldots, T$ において，アルゴリズムは各モデルの与える分布 $\boldsymbol{z}_{t,i}$ を統合して，何らかの分布 $\boldsymbol{p}_t = (p_t(1), \ldots, p_t(K))$ を生成します．その後，実際の記号 $y_t \in \Sigma$ が与えられます．アルゴリズムの目標は，その符号長 $\sum_{t=1}^{T} -\log_2 p_t(y_t)$ が最適なモデルの与える符号長 $\min_{1 \leq i \leq N} \sum_{t=1}^{T} -\log_2 z_{t,i}(y_t)$ に比べてそれほど大きくならないようにすることです．

この問題は，$\mathcal{X} = \mathcal{P}_K$, $\mathcal{Y} = \Sigma$, $\ell : (\boldsymbol{p}, y) \mapsto -\ln p(y)$（対数損失関数）のエキスパート統合問題 $(\mathcal{X}, \mathcal{Y}, \ell)$ そのものです．（対数損失関数は自然対数を用いて定義されるため，符号長は累積損失の $1/\ln 2$ 倍となることに注意．）したがって，定理 1.12 が適用できます．対数損失関数は，$\eta = 1$ のとき η-exp 凹となるため，リグレットの上界

$$\mathrm{Regret}_{\mathrm{WAA}}(T) \leq \ln N$$

が得られます．これは，WAA の与える符号長が，最適なモデルの与える符号長に比べて，たかだか $\log_2 N$ ビットしか大きくならないことを意味しています．

実は，WAA が予測する分布 $\boldsymbol{p}_t$ は，モデル θ_i の事前確率を $\Pr(\theta_i) = 1/N$ としたときのベイズ混合に一致します．実際，$y_{1..t-1}$ で系列 $y_1, \ldots, y_{t-1}$ を表すことにすると，

$$\begin{aligned}
\Pr(y_t = j \mid y_{1..t-1}) &= \sum_{i=1}^{N} \Pr(\theta_i \mid y_{1..t-1}) \Pr(y_t = j \mid y_{1..t-1}, \theta_i) \\
&= \sum_{i=1}^{N} \frac{\Pr(\theta_i) \Pr(y_{1..t-1} \mid \theta_i)}{\sum_{l=1}^{N} \Pr(\theta_l) \Pr(y_{1..t-1} \mid \theta_l)} z_{t,i}(j) \\
&= \sum_{i=1}^{N} \frac{w_{1,i} \prod_{q=1}^{t-1} z_{q,i}(y_q)}{\sum_{l=1}^{N} w_{1,l} \prod_{q=1}^{t-1} z_{q,l}(y_q)} z_{t,i}(j) \\
&= \sum_{i=1}^{N} \frac{w_{1,i} e^{-\sum_{q=1}^{t-1} \ell(\boldsymbol{z}_{q,i}, y_q)}}{\sum_{l=1}^{N} w_{1,l} e^{-\sum_{q=1}^{t-1} \ell(\boldsymbol{z}_{q,l}, y_q)}} z_{t,i}(j) \\
&= \sum_{i=1}^{N} w_{t,i} z_{t,i}(j) \\
&= p_t(j)
\end{aligned}$$

を確認できます.したがって,対数損失のもとでの WAA を,ベイズアルゴリズム (**Bayes algorithm**) ともいいます.

1.5 重みと損失関数による定式化

この節では,任意のエキスパート統合問題が,重みの予測と損失関数の観測に基づく,より単純な問題として定式化できることを示します.

1.5.1 エキスパート統合問題の標準形

エキスパート統合問題は,プレイヤーの予測値 p_t をエキスパートの予測値 $\boldsymbol{z}_t$ の凸結合に限定すると,p_t の代わりに,その結合係数 $\boldsymbol{w}_t \in \mathcal{P}_N$ を予測する問題とみなすことができます.さらに,$\boldsymbol{w}_t$ を $\boldsymbol{z}_t$ に依存せずに定めるものとすると,プレイヤーが $\boldsymbol{w}_t$ を予測した後で $\boldsymbol{z}_t$ と y_t が与えられるとしても,問題の本質は変わりません.すなわち,エキスパート統合問題 $(\mathcal{X}, \mathcal{Y}, \ell)$ は,

$$\mathcal{X}' = \mathcal{P}_N,$$
$$\mathcal{Y}' = \mathcal{X}^N \times \mathcal{Y},$$
$$\ell' : (\boldsymbol{w}, (\boldsymbol{z}, y)) \mapsto \ell\left(\sum_{i=1}^{N} w_{t,i} z_{t,i}, y_t\right)$$

に対するエキスパート統合問題 $(\mathcal{X}', \mathcal{Y}', \ell')$ として定式化することができます[*13]. ただし, この問題における各エキスパート i は, 形式上 $\mathcal{X}'$ から予測値 $z'_{t,i}$ を選ぶ必要があり, かつ, その損失 $\ell'(z'_{t,i}, (\boldsymbol{z}_t, y_t))$ はもとの定式化におけるエキスパート i の損失 $\ell(z_{t,i}, y_t)$ と一致する必要があります. そのために, $z'_{t,i}$ は, 常に, 第 i 成分が 1 でほかの成分が 0 の単位ベクトル $\boldsymbol{e}_i$ であるとします.

ここまでをまとめると, どんなエキスパート統合問題 $(\mathcal{X}, \mathcal{Y}, \ell)$ も, 確率ベクトル集合 $\mathcal{P}_N$ を予測値集合とし, 各エキスパート i は常に単位ベクトル $\boldsymbol{e}_i$ を予測するものに限定した問題に還元できることがわかりました. この形式の問題を, エキスパート統合問題の標準形と呼ぶことにします. 標準形では, エキスパートの予測値はあらかじめわかっているので, この情報をアルゴリズムに提示する必要がありません.

1.5.2 オンライン配分問題とヘッジアルゴリズム

1.4.2 項で述べたオンライン配分問題 $(\mathcal{P}_K, [0,1]^K, \ell)$ を, 上述の方法で標準形に変形してみましょう. ℓ は内積関数, すなわち, $\ell(\boldsymbol{p}, \boldsymbol{y}) = \boldsymbol{p} \cdot \boldsymbol{y}$ でした. したがって, 標準形 $(\mathcal{X}', \mathcal{Y}', \ell')$ は以下のようになります.

$$\mathcal{X}' = \mathcal{P}_N,$$
$$\mathcal{Y}' = (\mathcal{P}_K)^N \times [0,1]^K,$$
$$\ell' : (\boldsymbol{w}, (\boldsymbol{z}, \boldsymbol{y})) \mapsto \ell\left(\sum_{i=1}^{N} w_i \boldsymbol{z}_i, \boldsymbol{y}\right) = \sum_{i=1}^{N} w_i \boldsymbol{z}_i \cdot \boldsymbol{y}.$$

これより, 各エキスパート i の予測 $\boldsymbol{z}_{t,i}$ と結果値 $\boldsymbol{y}_t$ は内積 $\boldsymbol{z}_{t,i} \cdot \boldsymbol{y}_t$ の形でしか現れないことがわかります. したがって, $(\boldsymbol{z}_t, \boldsymbol{y}_t) \in \mathcal{Y}'$ が与えられる代わりに, スカラー値 $l_{t,i} = \boldsymbol{z}_{t,i} \cdot \boldsymbol{y}_t$ からなるベクトル $\boldsymbol{l}_t = (l_{t,1}, \ldots, l_{t,N}) \in [0,1]^N$

[*13] 実際, WAA はそのようなプロトコルに従うアルゴリズムになっています.

がフィードバック情報として与えられると考えることができます．このとき，損失は，$\bm{w}_t$ と $\bm{l}_t$ を用いて，$\sum_{i=1}^{N} w_{t,i} \bm{z}_{t,i} \cdot \bm{y}_t = \sum_{i=1}^{N} w_{t,i} l_{t,i} = \bm{w}_t \cdot \bm{l}_t$ のように内積で表されるため，オンライン配分問題の標準形 $(\mathcal{X}', \mathcal{Y}', \ell')$ は，さらに，より単純なエキスパート統合問題 $(\mathcal{P}_N, [0,1]^N, \ell)$ とみなすことができます．ここで，ℓ は（N 次元ベクトルに対する）内積関数です．この問題は，(銘柄数) K が N で，各エキスパート i の予測値が $\bm{e}_i$ であるようなオンライン配分問題とみなすこともできるため，(狭義の) オンライン配分問題ということがあります．

（狭義の）オンライン配分問題

各試行 $t = 1, 2, \ldots, T$ において，以下が行われる．

1. プレイヤーは $\bm{w}_t \in \mathcal{P}_N$ を選び，これを出力．
2. 敵対者はベクトル $\bm{l}_t \in [0,1]^N$ を選び，プレイヤーに提示．
3. プレイヤーは損失 $\bm{w}_t \cdot \bm{l}_t$ を被る．

この問題に対し，損失ベクトルの系列 $S = (\bm{l}_1, \ldots, \bm{l}_T)$ に対するアルゴリズム A のリグレットは，

$$\mathrm{Regret}_A(S) = \sum_{t=1}^{T} \bm{w}_t \cdot \bm{l}_t - \min_{1 \leq i \leq N} \sum_{t=1}^{T} \bm{e}_i \cdot \bm{l}_t$$
$$= \sum_{t=1}^{T} \bm{w}_t \cdot \bm{l}_t - \min_{1 \leq i \leq N} \sum_{t=1}^{T} l_{t,i}$$

と定義できます．

狭義のオンライン配分問題は，本質的に，N 人のクイズ王の問題と等価です．このことを示すために，N 人のクイズ王の問題の方も，等価なエキスパート統合問題 $(\mathcal{P}_N, [0,1]^N \times \{0,1\}, \ell'')$ として表してみます．ただし，ℓ'' は $\ell''(\bm{w}, (\bm{z}, y)) = \sum_{i=1}^{N} w_i |y - z_i|$ で定義される損失関数です．ここで，$\bm{z}_t = \bm{l}_t$ とおき，y_t を 0 に固定することにより，狭義のオンライン配分問題における敵対者からのフィードバック $\bm{l}_t$ を，N 人のクイズ王の問題における敵対者からのフィードバック $(\bm{z}_t, y_t)(= (\bm{l}_t, 0))$ に変換することができます．この

とき，$\bm{w}_t \cdot \bm{l}_t = \sum_{i=1}^{N} w_{t,i}|y_t - z_{t,i}|$，および，$\bm{e}_i \cdot \bm{l}_t = |y_t - z_{t,i}|$ より，両問題のプレイヤーの損失と各エキスパート i の損失がそれぞれ一致することがわかります．これは，この変換が，狭義のオンライン配分問題を N 人のクイズ王の問題に，リグレット保存の意味で還元するものであることを意味します．また，逆に，$l_{t,i} = |y_t - z_{t,i}|$ という変換は，N 人のクイズ王の問題を，狭義のオンライン配分問題にリグレット保存還元するものとなります．これで，狭義のオンライン配分問題は，N 人のクイズ王の問題と等価であることがわかりました．

狭義のオンライン配分問題に対する WAA は，特に**ヘッジアルゴリズム**（**Hedge algorithm**）と呼ばれます．すなわち，ヘッジアルゴリズムは，試行 t において，ベクトル $\bm{l}_t$ が与えられた後，

$$w_{t+1,i} = \frac{w_{t,i} e^{-\eta l_{t,i}}}{\sum_{j=1}^{N} w_{t,j} e^{-\eta l_{t,j}}}$$

により重みを更新するアルゴリズムです．ヘッジアルゴリズムと N 人のクイズ王に対する WAA の等価性より，ヘッジアルゴリズムの性能について，定理 1.6（したがって，定理 1.8 や系 1.9 や定理 1.11）に対応するリグレット上界についての命題がすべて成立します．

1.5.3 重みと損失関数による定式化

エキスパート統合問題の標準形 $(\mathcal{P}_N, \mathcal{Y}, \ell)$ に戻りましょう．標準形とは，予測値集合が $\mathcal{P}_N$ で，各エキスパート i が常に単位ベクトル $\bm{e}_i \in \mathcal{P}_N$ を予測するような問題でした．

標準形のプロトコルでは，アルゴリズムは予測値として $\bm{w}_t \in \mathcal{P}_N$ を出力した後，環境からのフィードバック情報として $\bm{y}_t = \mathcal{Y}$ が提示され，損失 $\ell(\bm{w}_t, \bm{y}_t)$ を被ります．しかし，環境からは，$\bm{y}_t$ の代わりに $\mathcal{P}_N$ 上の関数（損失関数）

$$f_t : \bm{w} \mapsto \ell(\bm{w}, \bm{y}_t)$$

が提示されるとし，アルゴリズムは $f_t(\bm{w}_t)$ の損失，各エキスパート i は $f_t(\bm{e}_i)$ の損失を被ると考えることもできます．このように，環境から与えられるす

べての情報は損失関数 f_t に集約することができるため，エキスパートの予測値だけでなく，結果値 $\bm{y}_t$ の情報も陽に提示する必要がなくなるのです[*14]．

最終的に，エキスパート統合問題は，損失関数の集合 $\mathcal{F} \subseteq \{f : \mathcal{P}_N \to \mathbb{R}\}$ のみによって定義することができます．そのプロトコルを，次に示しておきます．

エキスパート統合問題 $\mathcal{F}$

各試行 $t = 1, 2, \ldots, T$ において，以下が行われる．

1. プレイヤーは $\bm{w}_t \in \mathcal{P}_N$ を選び，これを出力．
2. 敵対者は，損失関数 $f_t \in \mathcal{F}$ をプレイヤーに提示．
3. プレイヤーは損失 $f_t(\bm{w}_t)$ を被る．

この定式化においては，損失関数の系列 $S = (f_1, \ldots, f_T) \in \mathcal{F}^*$ に対するアルゴリズム A のリグレットは，試行 t における A の予測値を $\bm{w}_t \in \mathcal{P}_N$ とすると，

$$\mathrm{Regret}_A(S) = \sum_{t=1}^T f_t(\bm{w}_t) - \min_{\bm{u} \in \{\bm{e}_1, \ldots, \bm{e}_N\}} \sum_{t=1}^T f_t(\bm{u}),$$

長さ T の系列に対するリグレットは

$$\mathrm{Regret}_A(T) = \max_{S \in \mathcal{F}^T} \mathrm{Regret}_A(S)$$

のように，それぞれ表すことができます．また，この定式化にあわせて，WAA の重み更新の部分は

$$w_{t+1,i} = \frac{w_{t,i} e^{-\eta f_t(\bm{e}_i)}}{\sum_{j=1}^N w_{t,j} e^{-\eta f_t(\bm{e}_j)}}$$

のように表すことができ，さらに，定理 1.12 は，次のようにいいかえることができます．

[*14] $\bm{y}_t$ は，損失関数 f_t の表現と考えることができます．

> **系 1.15（WAA のリグレット上界）**
>
> エキスパート統合問題 $\mathcal{F}$ において，ある実数 $\eta > 0$ に対して
> $$\mathcal{F} \subseteq \{f : \mathcal{P}_N \to \mathbb{R} \mid f \text{ は } \eta\text{-exp 凹}\}$$
> が成り立つならば，この η をパラメータとして用いる WAA の性能について，
> $$\text{Regret}_{\text{WAA}}(T) \leq \frac{\ln N}{\eta}.$$
> が成り立ちます．

1.5.4 第 2 章への準備

重み更新に基づく定式化のもとでは，アルゴリズム A のリグレットは次のように定義されました．

$$\text{Regret}_A(S) = \sum_{t=1}^{T} f_t(\boldsymbol{w}_t) - \min_{\boldsymbol{u} \in \{\boldsymbol{e}_1, \ldots, \boldsymbol{e}_N\}} \sum_{t=1}^{T} f_t(\boldsymbol{u}).$$

このとき，アルゴリズムの予測 $\boldsymbol{w}_t$ は自由に $\mathcal{P}_N$ から選ぶことができるのに対し，最優秀なエキスパートに対応するベクトル（オフライン最適解）$\boldsymbol{u}$ が $\mathcal{P}_N$ の端点である単位ベクトルに限定されているのはアンフェアかもしれません．第 2 章では，予測値集合 $\mathcal{X}$ を任意の凸集合に一般化し，さらに，リグレットも，

$$\sum_{t=1}^{T} f_t(\boldsymbol{w}_t) - \min_{\boldsymbol{u} \in \mathcal{X}} \sum_{t=1}^{T} f_t(\boldsymbol{u})$$

のように，オフライン最適解 $\boldsymbol{u}$ が予測値集合 $\mathcal{X}$ 全体の中から選ぶことができるような問題について扱います．損失関数 f_t が凸のとき，一般に，オフライン最適解 $\boldsymbol{u}$ は $\mathcal{X}$ の内点になるので，これを端点に限定したエキスパート統合問題に比べて，リグレットは大きくなります．実際，f_t が強い凸性をもっているとしても，リグレットは $O(\ln T)$ のように総試行回数 T に依存するものとなります．

1.6 文献ノート

学習理論の分野において，誤り回数を最小化することを目指すオンライン予測の枠組みは，Littlestone が提案した**誤り回数限定モデル (mistake bound model)** [31] が最初と考えられています．このモデルでは，環境から提示されるデータ (z_t, y_t) は，ある固定された規則（真の規則）h に矛盾しない（すなわち $y_t = h(z_t)$ を満たす）ものと仮定されており，なるべく少ない誤り回数で h を特定することが本質的な問題となります．学習の目標となる真の規則が存在するという意味で，統計的学習などほかの様々な学習モデルと同じ理念に基づいているということができます．その後，Vovk [47,48] と Cesa-Bianchi ら [7] によって，独立にエキスパートの概念が提案され，アルゴリズムの性能をリグレットで評価するモデルに拡張されました．これは，大きなパラダイムシフトといえます．なぜなら，予測の目標となる最優秀エキスパートは，上述の真の規則 h のようにあらかじめ固定されたものではなく，データ系列に依存して定まるため，系列長 T が大きくなるにつれて1つのエキスパートに収束するというものではないからです．したがって，通常の学習モデルとは異なり，アルゴリズムの汎化能力を問うことはできません．データは敵対者によって任意に選ばれるので，そもそも汎化能力を定義することも意味がありません．その意味で，オンライン予測モデルは，従来の機械学習の概念からは逸脱したものと考えることができます．オンライン予測は，機械学習のコミュニティでは**オンライン学習（online learning）**と呼ばれることの方が多い*15 ですが，本書では，通常の学習とは異なる概念であることを強調するため，「オンライン予測」という用語を用いました．

さて，本書では紹介しませんでしたが，Vovk の**統合アルゴリズム（aggregating algorithm）**[47,48] は，エキスパート統合問題に対する最初のアルゴリズムであるにもかかわらず，その後に提案された重みつき多数決アルゴリズム [32] や本書で紹介した重みつき平均アルゴリズム（WAA）[28] よりも適用範囲が広く，予測性能が高いという特長があります．また，当初の

---

*15 統計的な学習モデルのもとでも，データを逐次入力して仮説を更新し，領域計算量や時間計算量を削減することを目指す学習方式のことをオンライン学習と呼ぶことがあります [45]．

文献では，まだリグレットという用語は登場しておらず，相対損失（relative loss）などと呼んでいました．実は，リグレットの概念はゲーム理論の分野では古くから知られており，1957 年の Hannan にまで遡ります [17]．もともと，繰り返しゲームに対する手法として提案されたヘッジアルゴリズム [13] は，Hannan の結果の再発見（改良版）と呼べるものです．情報理論 [36] や投資の分野 [10] でも同様の概念が知られていましたが，ちょうど 2000 年前後に様々な分野の研究者がそのことに気がつきはじめ，リグレットという用語が定着することになったと同時に，これらの分野の研究者が参入することによって，オンライン予測の分野が飛躍的に発展し，今日でも機械学習における主要なトピックの 1 つとなっています．

エキスパート統合問題は，様々なやり方で一般化されていますが，その中でも重要なものを 1 つ紹介します．アルゴリズムが目標とする最優秀エキスパートは，データ系列全体から定まる 1 つのエキスパートとして定義されていましたが，時間とともに変動するモデルが提案されています [4,22,23]．たとえば，試行 $T/2$ まではエキスパート 1 の損失が 0 でそれ以外の損失が 1，試行 $T/2$ 以降はエキスパート 2 の損失が 0 でそれ以外の損失が 1 というデータ系列を考えます．この場合，従来の意味での最適なエキスパートは 1 または 2 で，その累積損失は $T/2$ となりますが，前半と後半でそれぞれ最適なエキスパートを選んだときの累積損失は 0 となります．このモデルでは，後者の意味での累積損失に基づいてリグレットを定義するもので，アルゴリズムに対する要求は非常に厳しいものになります．これは，環境の変化に追随する適応の概念をモデル化したものといえます．

Chapter 2

オンライン凸最適化

> オンライン凸最適化 (online convex optimization) とは様々なオンライン予測問題を抽象化し，統一的に扱うための問題の枠組みです．本章ではオンライン凸最適化の枠組みとオンライン予測手法について述べます．

2.1 オンライン凸最適化の枠組み

オンライン凸最適化問題は凸集合 $\mathcal{X}$ と $\mathcal{X}$ 上の凸関数の集合 $\mathcal{F} \subset \{f : \mathcal{X} \to \mathbb{R} \mid f は凸\}$ の組 $(\mathcal{X}, \mathcal{F})$ によって定義されます．以降では $\mathcal{X}$ を事例空間と呼びます．オンライン凸最適化問題はプレイヤーと敵対者との間のプロトコルとして次のように記述されます（図 2.1 参照）．

オンライン凸最適化問題 $(\mathcal{X}, \mathcal{F})$（図 2.1）

各試行 $t = 1, \ldots, T$ において

1. プレイヤーは点 $\bm{x}_t \in \mathcal{X}$ を選ぶ．
2. 敵対者は凸関数 $f_t \in \mathcal{F}$ を選び，プレイヤーに与える．
3. プレイヤーは損失 $f_t(\bm{x}_t)$ を被る．

凸関数 f_t は明示的に敵対者からプレイヤーに与えられるものと仮定します．つまり，関数値 $f_t(\bm{x}_t)$ だけでなく，関数 f_t そのものが与えられます．

したがって，任意の $x \in \mathcal{X}$ について $f_t(x)$ がわかるだけでなく，関数 f_t の勾配 $\nabla f_t(x)$ や劣勾配，ヘシアンなども計算できますこの仮定は**完全情報設定 (full information setting)** と呼ばれています．一方，関数 f_t の情報が与えられず，関数値 $f_t(x_t)$ のみが与えられる状況をバンディット設定 (**bandit setting**) と呼ばれます．詳細は文献 [34] を参照ください．なお，本書では完全情報設定を扱います．

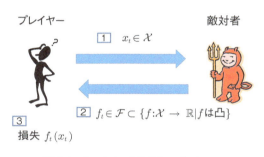

図 2.1 オンライン凸最適化のプロトコル

プレイヤーの目標はリグレット (**regret**) を最小化することです．

> **定義 2.1（オンライン凸最適化問題に対するリグレット）**
>
> オンライン凸最適化問題 $(\mathcal{X}, \mathcal{F})$ に対し，プレイヤーの用いる乱択アルゴリズムを A とします．また，敵対者の生成する凸関数の系列を $S = (f_1, \ldots, f_T)$，A の選んだ点の系列を $\bm{x}_1, \ldots, \bm{x}_T$ とします．このとき，アルゴリズム A の関数列 S に対するリグレットを
>
> $$\mathrm{Regret}_A(S) = E\left[\sum_{t=1}^T f_t(\bm{x}_t)\right] - \min_{\bm{x} \in \mathcal{X}} \sum_{t=1}^T f_t(\bm{x}),$$
>
> また，総試行回数 T に対するリグレットを
>
> $$\mathrm{Regret}_A(T) = \max_{S \subset \mathcal{F}^T} \mathrm{Regret}_A(S)$$
>
> と定義します．

以降では，$\mathcal{X}$ と $\mathcal{F}$ が文脈から明らかなときには $(\mathcal{X}, \mathcal{F})$ を省略して，単にオンライン凸最適化問題と呼ぶことにします．

ここで，定義 2.1 におけるリグレットは第 1 章におけるリグレットと異なり，関数列に対して定義されていることに注意してください．

リグレットは 2 つの項からなります．第 1 項はプレイヤーの累積損失 $\sum_{t=1}^T f_t(x_t)$ です．第 2 項は固定の 1 点を選び続けたときに得られる最小の累積損失 $\min_{\bm{x} \in \mathcal{X}} \sum_{t=1}^T f_t(\bm{x})$ です．もし敵対者の選んだ凸関数の系列 $f_1, \ldots, f_T$ があらかじめわかっていれば，凸関数の和は凸関数ですから，第 2 項を求めることは凸関数の最小化問題であり，最適解を求めることが可能です．

オンライン凸最適化におけるリグレットの定義について

さて，先ほどリグレットの定義は最良の固定点を選び続けた場合に対する相対的な累積損失と述べました．しかし定義に関して不思議に思う方がいるかもしれません．「なぜ固定点と比べるのだろう？」，「敵対者の選択があらかじめわかっていればそれぞれの関数の最小点の系列を選べばよいのではないか？」などと思いませんでしたか．

実際，敵対者の選択する損失関数が既知であれば最小の累積損失 $\sum_{t=1}^{T} \min_{x_t^* \in \mathcal{X}} f_t(x_t^*)$ を達成できます．しかし，一般に最良の点の系列に対する相対損失は $\Omega(T)$ になることが知られています．例として単純な場合を考えてみましょう．プレイヤーの決定空間として $\mathcal{X} = [-1, 1]$，敵対者の凸関数の空間を $\mathcal{F} = \{f_1, f_{-1} | f(x) = x, f_{-1}(x) = -x\}$ とします．さて，敵対者がランダムに等確率で f_1, f_{-1} を選ぶとしましょう．このとき，プレイヤーの各試行における期待損失はプレイヤーの選択にかかわらず $E[f_t(\boldsymbol{x}_t)] = 1 * (1/2) + -1 * (1/2) = 0$ となります．したがって，期待値の線形性からプレイヤーの期待累積損失は $E[\sum_{t=1}^{T} f_t(\boldsymbol{x}_t)] = \sum_{t=1}^{T} E[x_t] = 0$．一方，敵対者の選択する損失関数の系列がわかっている場合，最小の累積損失は $\sum_{t=1}^{T} \min_{x_t \in \mathcal{X}} f_t(x_t) = -T$ です．すると，プレイヤーの最適な点の系列に対する相対的な期待累積損失は

$$E[\sum_{t=1}^{T} f_t(\boldsymbol{x}_t)] - \sum_{t=1}^{T} \min_{x_t \in \mathcal{X}} f_t(x_t) = T$$

となります．つまり，最適な点の系列と競うとするとプレイヤーがどんな方法をとろうとも相対損失は T です．これはプレイヤーがランダムに $-1, +1$ を選択しても同じです．したがってこの問題設定では自明なことしかいえなくなってしまうのです．

では，オンライン凸最適化の例をいくつか紹介します．

例 2.1.1 (オンライン線形回帰問題) オンライン線形回帰問題では，各試行 $t = 1, \ldots, T$ において，(i) 敵対者が事例 $\boldsymbol{z}_t \in \mathbb{R}^n$ をプレイヤーに提示し，(ii) プレイヤーは線形予測器 $\boldsymbol{w}_t \in \mathbb{R}^n$ を予測，(iii) 敵対者が数値 $y_t \in \mathbb{R}^n$

を返し，(iv) プレイヤーは **2 乗損失 (square loss)** $f_t(\boldsymbol{w}_t) = (\boldsymbol{w}_t \cdot \boldsymbol{z}_t - y_t)^2$ を被ります．プレイヤーのゴールはリグレット

$$\sum_{t=1}^n (\boldsymbol{w}_t \cdot \boldsymbol{z}_t - y_t)^2 - \min_{\boldsymbol{w}^* \in \mathbb{R}^n} \sum_{t=1}^T (\boldsymbol{w}^* \cdot \boldsymbol{z}_t - y_t)^2$$

を最小化することです（ここで，リグレットの第 2 項はオフライン最小 2 乗回帰解と一致します）．このとき，$\mathcal{X} = \mathbb{R}^n$，敵対者が凸関数 $f_t(\boldsymbol{w}) = (\boldsymbol{w} \cdot \boldsymbol{z}_t - y_t)^2$ を選ぶとみなすことにより，オンライン線形回帰問題はオンライン凸最適化問題の例になることがわかります．ただし，オンライン凸最適化問題とみなすことにより，事例 $\boldsymbol{z}_t$ が前もって与えられるという点をプレイヤーが利用しないことになります．

例 2.1.2 (オンライン線形分類問題) オンライン線形分類問題では，各試行 $t = 1, \ldots, T$ において，(i) 敵対者が事例 $\boldsymbol{z}_t \in \mathbb{R}^n$ をプレイヤーに提示，(ii) プレイヤーは線形予測器 $\boldsymbol{w}_t \in \mathbb{R}^n$ を予測，(iii) 敵対者が 2 値ラベル $y_t \in \{-1, 1\}$ を返し，(iv) プレイヤーは**分類損失 (classification loss)**

$$g_t(\boldsymbol{w}_t) = \begin{cases} 0 & y_t \boldsymbol{w}_t \cdot \boldsymbol{z}_t > 0 \ (y_t \text{ と } \boldsymbol{w}_t \cdot \boldsymbol{z}_t \text{ の符号が等しいとき}) \\ 1 & y_t \boldsymbol{w}_t \cdot \boldsymbol{z}_t \leq 0 \ (y_t \text{ と } \boldsymbol{w}_t \cdot \boldsymbol{z}_t \text{ の符号が異なるとき}) \end{cases}$$

を被ります．この設定ではプレイヤーが $\hat{y}_t = \mathrm{sign}(\boldsymbol{w}_t \cdot \boldsymbol{z}_t) \in \{-1, 1\}$ によりラベルを予測し，$y_t \neq \hat{y}_t$ のとき損失 1，そうでないとき損失 0 を被ると解釈できます．関数 g_t は凸ではありません．しかし，**ヒンジ損失 (hinge loss)**

$$f_t(\boldsymbol{w}) = \begin{cases} 0 & y_t \boldsymbol{w} \cdot \boldsymbol{z}_t \geq 1 \\ -y_t \boldsymbol{w} \cdot \boldsymbol{z}_t + 1 & y_t \boldsymbol{w} \cdot \boldsymbol{z}_t \leq 1 \end{cases}$$

は凸関数であり，任意の $\boldsymbol{w} \in \mathbb{R}^n$ に対して $g_t(\boldsymbol{w}) \leq f_t(\boldsymbol{w})$ を満たします（図 2.2）．なお，ヒンジ損失はサポートベクトルマシン (Support Vector Machine, SVM) の損失関数として用いられています．このとき，オンライン線形回帰問題と同様に，$\mathcal{X} = \mathbb{R}^n$，敵対者が凸関数 $f_t(\boldsymbol{w}) = (\boldsymbol{w} \cdot \boldsymbol{z}_t - y_t)$ を選択するとみなすことにより，オンライン線形回帰問題は同様にオンライン凸最適化問題として定式化できます．この場合も，事例 $\boldsymbol{z}_t$ が事前に与えられ

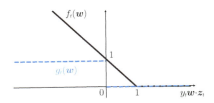

図 2.2 分類損失 g_t とヒンジ損失 f_t.

る点を考慮しないことになります．

例 2.1.3 (オンラインロジスティック回帰問題) オンライン線形分類問題と同じ設定を考えます．このとき，分類損失やヒンジ損失の代わりに**ロジスティック損失 (logistic loss)** $f_t(w) = \ln(1 + \exp(-y_t w \cdot z_t))$ （図 2.3）を敵対者が選ぶとみなすと，オンラインロジスティック回帰問題と定式化できます．ロジスティック損失はヒンジ損失と異なり，任意の点 w において微分可能です．主に統計学の分野でよく用いられます．

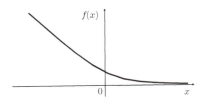

図 2.3 ロジスティック損失関数 $f(x) = \ln(1 + \exp(-x))$.

例 2.1.4 (オンライン 2 乗損失最小化問題) オンライン 2 乗損失最適化問題においては，各試行 $t = 1, \ldots, T$ において (i) プレイヤーはベクトル $x_t \in \mathbb{R}^n$ を予測し，(ii) 敵対者はベクトル $y_t \in \mathbb{R}^n$ を返し，(iii) プレイヤーは 2 乗損失 $\|x_t - y_t\|^2$ を被ります．損失を与える関数を凸関数 $f_t(x) = \|x - y_t\|^2$ とみなすことによりオンライン凸最適化問題の 1 つとみなすことができます．

2.2 Follow The Leader (FTL) 戦略

オンライン凸最適化において，プレイヤーの最も単純な戦略は過去に受け取った凸関数の和 $f_1 + \cdots + f_{t-1}$ 対して最適な固定点を予測することです．このような戦略はオンライン予測の分野では **Follow The Leader(FTL) 戦略**と呼ばれています．

> **定義 2.2（Follow The Leader (FTL) 戦略）**
>
> 各試行 t において，点
> $$x_t = \arg\min_{x \in \mathcal{X}} \sum_{\tau=1}^{t-1} f_\tau(x)$$
> を提示するプレイヤーの戦略を Follow The Leader (FTL) 戦略といいます．

FTL 戦略は，その単純さにもかかわらず，一定の問題に対しては非常に有効です．また，一方で，その限界も知られています．以降ではその有効性と限界について説明します．

2.2.1 FTL 戦略の有効性

まず，FTL 戦略のリグレットを解析するうえで有用となる補題を紹介します．以下の補題はしばしば Be-The-Leader (BTL) 補題と呼ばれます．この補題では，試行 t において，これまでの関数の系列 $f_1, \ldots, f_{t-1}$ に加えて，未来の損失関数 f_t が与えられた「仮想的な」FTL 戦略 を想定します．このとき，試行 t における仮想的な FTL 戦略の予測を $x_{t+1} = \arg\min_{x \in \mathcal{X}} \sum_{\tau=1}^{t} f_\tau(x)$（つまり 試行 $t+1$ における FTL 戦略の予測）と仮定すると，次の性質が成り立ちます．

> **補題 2.1（Be-The-Leader (BTL) 補題）**
>
> 任意の点 $\boldsymbol{u} \in \mathcal{X}$ に対して，
> $$\sum_{t=1}^{T} f_t(\boldsymbol{x}_{t+1}) \leq \sum_{t=1}^{T} f_t(\boldsymbol{u})$$
> が成り立ちます．

証明．

T に関する数学的帰納法で証明します．

(i) まず，$T = 1$ の場合，$\boldsymbol{x}_2 = \arg\min_{\boldsymbol{x} \in \mathcal{X}} f_1(\boldsymbol{x})$ より，任意の点 $\boldsymbol{u} \in \mathcal{X}$ に対して，$f_1(\boldsymbol{x}_2) \leq f_1(\boldsymbol{u})$ より，命題が成り立ちます．

(ii) 次に，$T = s$ の場合に命題が成り立ったと仮定します．このとき，仮定より，任意の点 $\boldsymbol{u} \in \mathcal{X}$ に対して

$$\sum_{t=1}^{s} f_t(\boldsymbol{x}_{t+1}) \leq \sum_{t=1}^{s} f_t(\boldsymbol{u}) \tag{2.1}$$

が成り立ちます．式 (2.1) の両辺に $f_{s+1}(\boldsymbol{x}_{s+2})$ を加え，$\boldsymbol{u} = \boldsymbol{x}_{s+2}$ とおくと，

$$\sum_{t=1}^{s+1} f_t(\boldsymbol{x}_{t+1}) \leq \sum_{t=1}^{s+1} f_t(\boldsymbol{x}_{s+2}) \tag{2.2}$$

がいえます．一方，$x_{s+2} = \mathrm{argmin}_{\boldsymbol{x} \in \mathcal{X}} \sum_{t=1}^{s+1} f_t(\boldsymbol{x})$ より，任意の点 $\boldsymbol{u} \in \mathcal{X}$ に対して

$$\sum_{t=1}^{s+1} f_t(\boldsymbol{x}_{s+2}) \leq \sum_{t=1}^{s+1} f_t(\boldsymbol{u}) \tag{2.3}$$

が成り立ちます．不等式 (2.2)，(2.3) を組み合わせると，$t = s + 1$ の場合にも命題が成り立つことがわかります． □

BTL 補題（補題 2.1）とリグレットの定義（定義 2.1）から，ただちに以下の補題が成り立ちます．この補題は Follow-the-Leader-Be-the-Leader 補

題(FTL-BTL 補題)と呼ばれ,リグレット解析に有効な補題の 1 つです.

> **補題 2.2(FTL-BTL 補題)**
>
> FTL 戦略のリグレット $\text{Regret}_{\text{FTL}}(T)$ について
> $$\text{Regret}_{\text{FTL}}(T) \leq \sum_{t=1}^{T}(f_t(\boldsymbol{x}_t) - f_t(\boldsymbol{x}_{t+1}))$$
> が成り立ちます.

次に,具体例としてオンライン 2 乗損失最小化問題(例 2.1.4)を考えます.試行 $\tau = 1, \ldots, t-1$ における敵対者の凸関数を $f_\tau(\boldsymbol{x}) = \|\boldsymbol{x} - \boldsymbol{y}_\tau\|^2$ とすると,試行 t における FTL 戦略は

$$\boldsymbol{w}_t = \arg\min_{\boldsymbol{x} \in \mathbb{R}^n} \sum_{\tau=1}^{t-1} \|\boldsymbol{x} - \boldsymbol{y}_\tau\|^2$$

となります.この戦略の解は関数

$$F(\boldsymbol{x}) = \sum_{\tau=1}^{t-1} \|\boldsymbol{x} - \boldsymbol{y}_\tau\|^2$$

を $\boldsymbol{x}$ について偏微分し,$\partial F(\boldsymbol{x})/\partial \boldsymbol{x} = \boldsymbol{0}$ の解を求めることで得られます.実際,

$$\frac{\partial}{\partial \boldsymbol{x}} F(\boldsymbol{x}) = 2\sum_{\tau=1}^{t-1}(\boldsymbol{x} - \boldsymbol{y}_\tau)$$

より,

$$\boldsymbol{x}_t = \frac{1}{t-1}\sum_{\tau=1}^{t-1} \boldsymbol{y}_\tau$$

と求まります.

> **定理 2.3（FTL 戦略のリグレットの上界）**
>
> オンライン 2 乗損失最小化問題（例 2.1.4）に対して，各試行 t で $\|\boldsymbol{y}_t\|_2 \leq D$ とします．このとき，FTL 戦略のリグレットは
> $$\mathrm{Regret}_{\mathrm{FTL}}(T) = O(D^2 \log T).$$
> を満たします．

証明．

補題 2.2 より FTL のリグレットは以下のように上から抑えられます．

$$\begin{aligned}
\mathrm{Regret}_{\mathrm{FTL}}(T) &= \sum_{t=1}^{T} f_t(\boldsymbol{x}_t) - \min_{\boldsymbol{u} \in \mathcal{X}} \sum_{t=1}^{T} f_t(\boldsymbol{u}) \\
&\leq \sum_{t=1}^{T} f_t(\boldsymbol{x}_t) - \sum_{t=1}^{T} f_t(\boldsymbol{x}_{t+1}) \\
&= \sum_{t=1}^{T} (f_t(\boldsymbol{x}_t) - f_t(\boldsymbol{x}_{t+1})).
\end{aligned} \tag{2.4}$$

まず，$f_t(\boldsymbol{x}_t) - f_t(\boldsymbol{x}_{t+1})$ の上界を求めます．$\boldsymbol{x}_t = \frac{1}{t-1} \sum_{\tau=1}^{t-1} \boldsymbol{y}_\tau$ より

$$\begin{aligned}
f_t(\boldsymbol{x}_t) - f_t(\boldsymbol{x}_{t+1}) &= \|\boldsymbol{x}_t - \boldsymbol{y}_t\|_2^2 - \|\boldsymbol{x}_{t+1} - \boldsymbol{y}_t\|_2^2 \\
&= (\boldsymbol{x}_t - \boldsymbol{x}_{t+1}) \cdot (\boldsymbol{x}_t + \boldsymbol{x}_{t+1} - 2\boldsymbol{y}_t) \\
&\leq \|\boldsymbol{x}_t - \boldsymbol{x}_{t+1}\|_2 \|\boldsymbol{x}_t + \boldsymbol{x}_{t+1} - 2\boldsymbol{y}_t\|_2,
\end{aligned}$$

が成り立ちます．ただし，最後の不等式はコーシー・シュワルツの不等式（定理 A.1）を用いました．ここで，

$$\begin{aligned}
\|\boldsymbol{x}_t - \boldsymbol{x}_{t+1}\|_2 &= \left\| \frac{1}{t-1} \sum_{\tau=1}^{t-1} \boldsymbol{y}_\tau - \frac{1}{t} \sum_{\tau=1}^{t} \boldsymbol{y}_\tau \right\|_2 \\
&= \left\| \frac{1}{t(t-1)} \sum_{\tau=1}^{t-1} \boldsymbol{y}_\tau + \frac{1}{t} \boldsymbol{y}_t \right\|_2 \\
&\leq \frac{D}{t} + \frac{D}{t} = \frac{2D}{t}.
\end{aligned}$$

一方，
$$\|\boldsymbol{x}_t + \boldsymbol{x}_{t+1} - 2\boldsymbol{y}_t\|_2 \leq \frac{(t-1)D}{t-1} + \frac{tD}{t} + 2D = 4D.$$
以上より，$f_t(\boldsymbol{x}_t) - f_t(\boldsymbol{x}_{t+1}) \leq 3D^2/t$ が成り立ちます．したがって，不等式 (2.4) より，
$$\begin{aligned}\mathrm{Regret}_{\mathrm{FTL}}(T) &\leq \sum_{t=1}^{T}(f_t(\boldsymbol{x}_t) - f_t(\boldsymbol{x}_{t+1})) \\ &= 8D^2 \sum_{t=1}^{T} \frac{1}{t} \\ &\leq 8D^2 \left(\int_1^T \frac{1}{t}\mathrm{d}t + 1\right) \\ &= 8D^2(\ln T + 1).\end{aligned}$$

□

2.2.2 FTL 戦略の限界

次に，FTL 戦略の限界について述べます．一般に FTL 戦略は線形の損失関数に対して弱いことが知られています．

> **定理 2.4（オンライン凸最適化における FTL 戦略の下界）**
>
> あるオンライン凸最適化問題と，ある敵対者の戦略が存在し，
> $$\mathrm{Regret}_{\mathrm{FTL}}(T) = \Omega(T)$$
> が成り立ちます[*1]．

証明．
次のようなオンライン凸最適化問題を考えます．決定空間を $\mathcal{X} = [-1, 1]$ とし，各試行 t における凸関数 $f_t(x) = ax$，ただし，a は $a \in \{-1, 1, 1/2, -1/2\}$ のいずれかの値をとるものとします．

[*1] Ω は O と対をなす記号で，$f(x) = \Omega(g(x))$ であるとは，正の数 a, b が存在して，$f(x) \geq ag(x) - b$ が成り立つことを示しています．

このとき，「意地悪な」敵対者の戦略を構成することが可能です．最初の試行 $t=1$ における敵対的環境の戦略として，

$$f_1(x) = \frac{1}{2}x$$

と定義します．次に，$t \geq 2$ 以降の試行では，敵対者は

$$f_t(x) = \begin{cases} x & t \text{ が奇数} \\ -x & t \text{ が偶数} \end{cases}$$

という関数を選ぶと仮定します．このとき，FTL 戦略においては，定義 2.2 から t が偶数のとき，

$$\begin{aligned} x_t &= \arg\min_{x \in [-1,1]} \sum_{\tau=1}^{t-1} f_\tau(x) \\ &= \arg\min_{x \in [-1,1]} \left(\frac{1}{2} - 1 + 1 \cdots + 1 \right) x \\ &= \arg\min_{x \in [-1,1]} \frac{1}{2}x = -1. \end{aligned}$$

また，t が奇数の場合にも同様にして，$x_t = 1$ となります．すると，$t \geq 2$ のとき，各試行で FTL 戦略の損失 $f_t(x_t)$ は必ず 1 になります．よって，

(FTL 戦略の累積損失) $\geq T - 1$.

一方，最適な固定点による累積損失は，T が奇数のとき，$-3/2$，T が偶数のとき，$-1/2$ となります．したがって，

$$\text{Regret}_{\text{FTL}}(T) \geq T - 1 + \frac{1}{2} = T - \frac{1}{2}$$

が成り立ちました． □

2.3 Follow The Regularized Leader (FTRL) 戦略

前節では FTL 戦略の有効性と限界について述べました．FTL 戦略の解析における教訓は単純かつ貪欲な予測戦略ではうまくいかない場合があるということです．以降では FTL 戦略の弱点を補うような新たな戦略について

述べていきます．

おそらく機械学習で最も重要な概念の 1 つは「正則化」ではないかと思います．サポートベクトルマシンなど機械学習で成功をおさめている手法の多くは，単純に経験的な損失（訓練誤差など）を最小化する仮説を学習するのではなく，経験的な損失と何らかの関数（正則化項と呼ばれます）を同時に最小化する仮説を学習します．このアプローチは，正則化項を加味することにより，過去の経験的な損失だけにとらわれずに，今後現れるであろう将来の損失に対して備えると見ることもできます．実際，統計的学習理論の分野では，妥当な仮定のもとで正則化に基づく手法の汎化誤差を評価することが可能です．

同じようなことが実はオンライン予測の文脈でも成り立つことがわかってきました．これから取り上げるのは，**Follow The Regularized Leader 戦略 (FTRL 戦略)** と呼ばれるもので，FTL 戦略に正則化の考え方を取り入れたものです．

定義 2.3（Follow The Regularized Leader(FTRL) 戦略）

各試行 t において，点

$$x_t = \arg\min_{x \in \mathcal{X}} \sum_{\tau=1}^{t-1} f_\tau(x) + R(x),$$

を提示するプレイヤーの戦略を Follow The Regularized Leader (FTRL) 戦略といいます．ただし，$R: \mathcal{X} \to \mathbb{R}$ は狭義凸な関数です．

実は，FTRL 戦略は FTL 戦略に比べて頑健であるだけでなく，従来の様々なオンライン予測手法に対して統一的な特徴づけを与えることがわかってきました．以降では，FTRL 戦略の特殊な場合から説明します．

2.3.1 損失関数が線形の場合

まず，損失関数が線形の場合を考えます．すなわち，各試行 t において $f_t(x) = g_t \cdot x$ と表せるとします．このとき，特定の正則化項を定めることにより，FTRL 戦略の特殊な場合が導出できます．

正則化項を $R(\boldsymbol{x}) = \frac{1}{2\eta}\|\boldsymbol{x}\|_2^2$ とすると 1 つのアルゴリズムが導出できます．これを 2 ノルム正則化 **FTRL**(2-FTRL) と呼ぶことにします．

> **定義 2.4**（2 ノルム正則化 **FTRL**(2-FTRL)）
>
> 各試行 t において:
> $$\boldsymbol{x}_t = \arg\min_{\boldsymbol{x} \in \mathcal{X}} \left(\sum_{\tau=1}^{t-1} f_\tau(\boldsymbol{x}) + \frac{1}{2\eta}\|\boldsymbol{x}\|_2^2 \right)$$
> ただし η は正の定数です．

では 2 ノルム正則化 FTRL のリグレットを解析しましょう．

> **定理 2.5**（2 ノルム正則化 **FTRL** のリグレットの上界）
>
> 定義域 $\mathcal{X}$ が $\mathcal{X} \subseteq \{\boldsymbol{x} \mid \|\boldsymbol{x}\|_2 \leq D\}$ を満たすとします．また，各試行 $t = 1,\ldots,T$ において，$\|\boldsymbol{g}_t\|_2 \leq G$ とします．このとき，$\eta = (D/G)/\sqrt{T}$ とすると，
> $$\mathrm{Regret}_{\text{2-FTRL}}(T) = O\left(DG\sqrt{T}\right)$$
> が成り立ちます．

証明．

$\Phi_t(\boldsymbol{x}) = \sum_{\tau=1}^{t} \boldsymbol{g}_t \cdot \boldsymbol{x} + \frac{1}{2\eta}\|\boldsymbol{x}\|_2^2$ とおくと，$\boldsymbol{x}_t = \arg\min_{\boldsymbol{x}\in\mathcal{X}} \Phi_{t-1}(\boldsymbol{x})$ と書けます．以降では，

$$\Phi_t(\boldsymbol{x}_{t+1}) - \Phi_{t-1}(\boldsymbol{x}_t) = g_t(\boldsymbol{x}_{t+1}) + \Phi_{t-1}(\boldsymbol{x}_{t+1}) - \Phi_{t-1}(\boldsymbol{x}_t)$$

の下界を評価します．ここで，凸関数に関する性質（補題 A.4）より，任意の $\boldsymbol{x} \in \mathcal{X}$ に対して，$\nabla \Phi_{t-1}(\boldsymbol{x}_t) \cdot (\boldsymbol{x} - \boldsymbol{x}_t) \geq 0$ が成り立ちます．したがって，

$$\Phi_t(\boldsymbol{x}_{t+1}) - \Phi_{t-1}(\boldsymbol{x}_t) \geq \boldsymbol{g}_t \cdot \boldsymbol{x}_{t+1} + \Phi_{t-1}(\boldsymbol{x}_{t+1}) - \Phi_{t-1}(\boldsymbol{x}_t)$$
$$- \nabla \Phi_{t-1}(\boldsymbol{x}_t) \cdot (\boldsymbol{x}_{t+1} - \boldsymbol{x}_t)$$
$$= \boldsymbol{g}_t \cdot \boldsymbol{x}_{t+1} + \frac{1}{2\eta} \|\boldsymbol{x}_{t+1} - \boldsymbol{x}_t\|_2^2$$

が成り立ちます．さらに，$\boldsymbol{x}_{t+1}$ の代わりに，不等式の右辺を最小化する点で置き換えることによりさらに下界が得られます：

$$\Phi_t(\boldsymbol{x}_{t+1}) - \Phi_{t-1}(\boldsymbol{x}_t) \geq \min_{\boldsymbol{x} \in \mathbb{R}^n} \boldsymbol{g}_t \cdot \boldsymbol{x} + \frac{1}{2\eta} \|\boldsymbol{x} - \boldsymbol{x}_t\|_2^2.$$

右辺の式を解いてみましょう．関数 $F(\boldsymbol{x}) = \boldsymbol{g}_t \cdot \boldsymbol{x} + \frac{1}{2\eta} \|\boldsymbol{x} - \boldsymbol{x}_t\|_2^2$ とおくと，最適解 $\boldsymbol{x}^*$ は $\nabla F(\boldsymbol{x}^*) = 0$ を満たします．すなわち，

$$\nabla F(\boldsymbol{x}^*) = \boldsymbol{g}_t + \frac{1}{\eta}(\boldsymbol{x}^* - \boldsymbol{x}_t) = \boldsymbol{0}.$$

整理すると，$\boldsymbol{x}^* = \boldsymbol{x}_t - \eta \boldsymbol{g}_t$ が得られます．これを代入すると，

$$\Phi_t(\boldsymbol{x}_{t+1}) - \Phi_{t-1}(\boldsymbol{x}_t) \geq \boldsymbol{g}_t \cdot (\boldsymbol{x}_t - \eta \boldsymbol{g}_t) + \frac{\eta}{2} \|\boldsymbol{g}_t\|_2^2$$
$$= \boldsymbol{g}_t \cdot \boldsymbol{x}_t - \frac{\eta}{2} \|\boldsymbol{g}_t\|_2^2$$

がいえます．この不等式を $t = 1, \ldots, T$ まで足し合わせると，

$$\Phi_T(\boldsymbol{x}_{t+1}) - \Phi_0(\boldsymbol{x}_1) \geq \sum_{t=1}^T \boldsymbol{g}_t \cdot \boldsymbol{x}_t - \frac{\eta}{2} \sum_{t=1}^T \|\boldsymbol{g}_t\|_2^2$$

が成り立ち，さらに整理すると，

$$\sum_{t=1}^T \boldsymbol{g}_t \cdot \boldsymbol{x}_t \leq \Phi_T(\boldsymbol{x}_{T+1}) - \Phi_0(\boldsymbol{x}_1) + \frac{\eta}{2} \sum_{t=1}^T \|\boldsymbol{g}_t\|_2^2$$
$$\leq \min_{\boldsymbol{x} \in \mathcal{X}} \sum_{t=1}^T \boldsymbol{g}_t \cdot \boldsymbol{x} + \frac{1}{2\eta} D^2 + \frac{\eta}{2} T G^2$$

が成り立ちます．ここで，第 2 項と第 3 項は $\eta = (D/G)/\sqrt{T}$ のとき最小となります（これは第 2 項と第 3 項の和を η に関する関数と見ると凸関数であり，偏微分して 0 とおくことにより求まります）．この η を代入すると，

$$\sum_{t=1}^{T} \bm{g}_t \cdot \bm{x}_t \le \min_{\bm{x} \in \mathcal{X}} \sum_{t=1}^{T} \bm{g}_t \cdot \bm{x} + DG\sqrt{T}$$

が成り立ちます.以上から定理 2.5 が証明できました. □

さて,2 ノルム正則化 FTRL は各試行ごとに凸関数の最小化を行っています.アルゴリズムとしてより実装しやすい形に書けないでしょうか.実は 2 ノルム正則化 FTRL は等価なより簡単なアルゴリズムとして表現することもできます.

アルゴリズム 2.1 2 ノルム正則化 FTRL(逐次更新版)

パラメータ: $\eta > 0$
初期化: $\bm{x}_1 = \bm{y}_1 = \bm{0}$
各試行 $t = 1, \ldots, T$ において,以下が行われる.

1. $\bm{x}_t$ を提示する.
2. 線形な損失関数 $f_t(\bm{x}) = \bm{g}_t \cdot \bm{x}$ を受け取り,損失 $\bm{g}_t \cdot \bm{x}_t$ を被る.
3. $\bm{y}_{t+1} = \bm{y}_t - \eta \bm{g}_t$.
4. $\bm{x}_{t+1} = \arg\min_{\bm{x} \in \mathcal{X}} \|\bm{x} - \bm{y}_{t+1}\|_2^2$.

定理 2.6(2 ノルム正則化 FTRL とその逐次更新版との等価性)

2 ノルム正則化 FTRL はアルゴリズム 2.1 と等価です.

証明.
まず,アルゴリズム 2.1 の定義より $\bm{y}_{t+1} = -\eta \sum_{\tau=1}^{t} \bm{g}_\tau$ が成り立ちます.すると,アルゴリズムの予測 $\bm{x}_{t+1}$ について以下が成り立ちます.

$$\begin{aligned}
\bm{x}_{t+1} &= \arg\min_{\bm{x}\in\mathcal{X}} \|\bm{x} - \bm{y}_{t+1}\|_2 \\
&= \arg\min_{\bm{x}\in\mathcal{X}} \|\bm{x}\|_2^2 + \|\bm{y}_{t+1}\|_2^2 - 2\bm{y}_{t+1}\cdot\bm{x} \\
&= \arg\min_{\bm{x}\in\mathcal{X}} \|\bm{x}\|_2^2 + \|\bm{y}_{t+1}\|_2^2 + 2\eta\sum_{\tau=1}^{t} \bm{g}_t\cdot\bm{x} \\
&= \arg\min_{\bm{x}\in\mathcal{X}} \|\bm{x}\|_2^2 + 2\eta\sum_{\tau=1}^{t} \bm{g}_t\cdot\bm{x} \\
&= \arg\min_{\bm{x}\in\mathcal{X}} \frac{1}{2\eta}\|\bm{x}\|_2^2 + \sum_{\tau=1}^{t} \bm{g}_t\cdot\bm{x}.
\end{aligned}$$

すなわち，アルゴリズムの等価性がいえました． □

2.3.2 オンライン線形最適化問題への帰着

本項では，オンライン凸最適化問題が，その特殊ケースである**オンライン線形最適化問題 (online linear optimization)**，すなわち損失関数が線形であるようなオンライン凸最適化問題に帰着できることを示します．つまり，損失関数が線形である場合に限定したオンライン予測アルゴリズムが存在すれば，それを用いて，損失関数が凸の一般の場合におけるオンライン予測アルゴリズムが作れるのです．

> **定理 2.7（オンライン線形最適化問題への帰着）**
>
> あるオンライン凸最適化問題とオンライン線形最適化問題に対するアルゴリズム OLO が与えられたとします．このとき，オンライン凸最適化問題 (online convex optimization) に対するアルゴリズム OCO が存在し，
>
> $$\mathrm{Regret}_{\mathrm{OCO}}(T) \le \mathrm{Regret}_{\mathrm{OLO}}(T)$$
>
> が成り立ちます．

証明．

与えられた OLO に対して定まる OCO として，アルゴリズム 2.2 を考え

ます.このとき,劣勾配の定義 (A.2) より,任意の点 $\bm{u} \in \mathcal{X}$ に対して,

$$f_t(\bm{u}) \geq f_t(\bm{x}_t) + \bm{g}_t \cdot (\bm{u} - \bm{x}_t)$$

が成り立ちます.全試行 $t = 1, \ldots, T$ についてこの不等式を足し合わせて変形することにより,任意の点 $\bm{u} \in \mathcal{X}$ に対して,

$$\sum_{t=1}^{T}(f_t(\bm{x}_t) - f_t(\bm{u})) \leq \sum_{t=1}^{T} \bm{g}_t \cdot (\bm{x}_t - \bm{u})$$

が成り立ちます.さらに,$\bm{u} = \arg\min_{\bm{x} \in \mathcal{X}} \sum_{t=1}^{T} \bm{g}_t \cdot \bm{x}$ と固定することにより,

$$\begin{aligned} \text{Regret}_{\text{OCO}}(T) &\leq \sum_{t=1}^{T} \bm{g}_t \cdot (\bm{x}_t - \bm{u}) \\ &= \sum_{t=1}^{T} \bm{g}_t \cdot \bm{x}_t - \min_{\bm{x} \in \mathcal{X}} \sum_{t=1}^{T} \bm{g}_t \cdot \bm{x} \\ &= \text{Regret}_{\text{OLO}}(T) \end{aligned}$$

が成り立ちます. □

アルゴリズム 2.2 オンライン線形最適化への帰着

各試行 $t = 1, \ldots, T$ において,以下が行われる.

1. OLO から予測 $\bm{x}_t \in \mathcal{X}$ を受け取り,$\bm{x}_t$ をそのまま提示する.
2. 損失関数 $f_t : \mathcal{X} \to \mathbb{R}$ を受け取り,損失 $f_t(\bm{x}_t)$ を被る.
3. $\bm{x}_t$ における f_t の劣勾配 $\bm{g}_t \in \partial f_t(\bm{x}_t)$ を任意に選び,OLO に損失関数として与える.

以上から,オンライン凸最適化問題はオンライン線形最適化問題に帰着できることがわかりました.したがって,線形な損失関数に対してリグレットが保証されている,すなわちリグレットの上界が得られているアルゴリズムがあれば,それを用いてオンライン凸最適化問題でも同程度のリグレットが

2.3 Follow The Regularized Leader (FTRL) 戦略

達成できる(同程度のリグレットの上界が得られる)ということになります.

後述しますが,実は損失関数の凸性が強い場合(たとえば,後述する強凸性が成り立つ場合(2.3.7 項)など)には,損失関数を線形近似せずに,ある種の「2 次近似」もしくはそのまま近似せずに扱う方が,よりよいリグレットが得られる場合があります.したがって,いつも線形近似することが最善というわけではありません.

2.3.3 オンライン勾配降下法

本項では,オンライン凸最適化における代表的なアルゴリズムの 1 つであるオンライン勾配降下法 (**Online Gradient Descent, OGD**) について述べます.大雑把にいえば,OGD はオンライン線形最適化への帰着手法と 2 ノルム正則化 FTRL を組み合わせたものだといえます(ただし,若干の細かな違いはあります).OGD の詳細をアルゴリズム 2.3 に示します.

アルゴリズム 2.3 オンライン勾配降下法 (OGD)

パラメータ: $\eta > 0$
初期化: $x_1 = y_1 = \mathbf{0}$
各試行 $t = 1, \ldots, T$ において,以下が行われる.

1. x_t を提示する.
2. 損失関数 f_t を受け取り,損失 $f_t(x_t)$ を被る.
3. 任意に劣勾配 $g_t \in \partial f_t(x_t)$ を選び,$x_{t+1/2} = x_t - \eta g_t$.
4. $x_{t+1} = \arg\min_{x \in \mathcal{X}} \|x - x_{t+1/2}\|_2^2$.

> **定理 2.8（OGD のリグレットの上界）**
>
> 任意の $\bm{x} \in \mathcal{X}$ に対して，$\|\bm{x}\|_2 \leq D$ かつ，任意の $t = 1, \ldots, T$ および任意の $\bm{g}_t \in \partial f_t(\bm{x}_t)$ に対して，$\|\bm{g}_t\|_2 \leq G$ が成り立つとします．このとき，
>
> $$\mathrm{Regret}_{\mathrm{OGD}}(T) = O(GD\sqrt{T})$$
>
> が成り立ちます．

証明．

まず，2.3.2 項で述べたオンライン線形最適化の帰着の議論から任意の点 $\bm{x}^* \in \mathcal{X}$ に対して，

$$\sum_{t=1}^{T} (f_t(\bm{x}_t) - f_t(\bm{x}^*)) \leq \sum_{t=1}^{T} \bm{g}_t \cdot (\bm{x}_t - \bm{x}^*) \tag{2.5}$$

が成り立ちます．一方，

$$\|\bm{x}_{t+1/2} - \bm{x}^*\|_2^2 - \|\bm{x}_t - \bm{x}^*\|_2^2 = \|\bm{x}_t - \eta \bm{g}_t - \bm{x}^*\|_2^2 - \|\bm{x}_t - \bm{x}^*\|_2^2$$
$$= \eta^2 \|\bm{g}_t\|_2^2 - 2\eta \bm{g}_t \cdot (\bm{x}_t - \bm{x}^*).$$

これを整理すると，

$$\bm{g}_t \cdot (\bm{x}_t - \bm{x}^*) = \frac{1}{2\eta}(\|\bm{x}_t - \bm{x}^*\|_2^2 - (\|\bm{x}_{t+1/2} - \bm{x}^*\|_2^2) + \frac{\eta}{2}\|\bm{g}_t\|_2^2 \tag{2.6}$$

が成り立ちます．

したがって，式 (2.5), (2.6) より，OGD のリグレットの上界は，

$$\sum_{t=1}^{T} \bm{g}_t \cdot (\bm{x}_t - \bm{x}^*) = \sum_{t=1}^{T} \frac{1}{2\eta}(\|\bm{x}_t - \bm{x}^*\|_2^2 - \|\bm{x}_{t+1/2} - \bm{x}^*\|_2^2) + \sum_{t=1}^{T} \frac{\eta}{2}\|\bm{g}_t\|_2^2 \tag{2.7}$$

となります．

また，一般化ピタゴラスの定理（定理 2.10，後述）より，

2.3 Follow The Regularized Leader (FTRL) 戦略

$$\|\boldsymbol{x}_{t+1/2} - \boldsymbol{x}_{t+1}\|_2^2 + \|\boldsymbol{x}_{t+1} - \boldsymbol{x}^*\|_2^2 \leq \|\boldsymbol{x}_{t+1/2} - \boldsymbol{x}^*\|_2^2.$$

上の式を移項し整理すると，

$$\|\boldsymbol{x}_{t+1} - \boldsymbol{x}^*\|_2^2 \leq \|\boldsymbol{x}_{t+1/2} - \boldsymbol{x}^*\|_2^2 - \|\boldsymbol{x}_{t+1/2} - \boldsymbol{x}_{t+1}\|_2^2$$
$$\leq \|\boldsymbol{x}_{t+1/2} - \boldsymbol{x}^*\|_2^2 \tag{2.8}$$

が成り立ちます．

したがって，式 (2.7)，(2.8) より，リグレット上界は

$$\sum_{t=1}^{T} \boldsymbol{g}_t \cdot (\boldsymbol{x}_t - \boldsymbol{x}^*) \leq \sum_{t=1}^{T} \frac{1}{2\eta}(\|\boldsymbol{x}_t - \boldsymbol{x}^*\|_2^2 - (\|\boldsymbol{x}_{t+1} - \boldsymbol{x}^*\|_2^2) + \sum_{t=1}^{T} \frac{\eta}{2}\|\boldsymbol{g}_t\|_2^2$$
$$\leq \frac{1}{2\eta}(\|\boldsymbol{x}_1 - \boldsymbol{x}^*\|_2^2 - \|\boldsymbol{x}_{T+1} - \boldsymbol{x}^*\|_2^2) + \sum_{t=1}^{T} \frac{\eta}{2}\|\boldsymbol{g}_t\|_2^2$$

となります．ここで，$\|\boldsymbol{x}_1 - \boldsymbol{x}^*\|_2^2 \leq D^2$，$\|\boldsymbol{g}_t\|_2^2 \leq G^2$ より，

$$\sum_{t=1}^{T} \boldsymbol{g}_t \cdot (\boldsymbol{x}_t - \boldsymbol{x}^*) \leq \frac{1}{2\eta}D^2 + \frac{\eta}{2}TG^2$$

が成り立ちます．右辺は $\eta = \frac{D}{G\sqrt{T}}$ のとき最小値 $GD\sqrt{T}$ となります． □

射影について OGD（アルゴリズム 2.3）を実際に動かす際，注意しなければならないのは決定空間 $\mathcal{X}$ への射影ステップです（アルゴリズム 2.3 の 2.(d)）．射影ためのアルゴリズムは決定空間の形状に依存します．定理 2.8 に示すように有限のリグレット上界を保証するためには，決定空間 $\mathcal{X}$ は原点を中心とする有限の半径 D の 2 ノルム超球 B_D に含まれている必要がありました．

最も単純かつ自然な決定空間はその超球そのもの，つまり，$\mathcal{X} = B_D = \{\boldsymbol{x} \in \mathbb{R}^n \mid \|\boldsymbol{x}\|_2 \leq D\}$ でしょう．この場合，射影のステップはラグランジュ乗数法を用いて容易に導出することができます．超球 B_D への射影は厳密に最適化問題として書くと，

$$\min_{\boldsymbol{x} \in \mathbb{R}^n} \frac{1}{2}\|\boldsymbol{x} - \boldsymbol{y}\|_2^2$$
$$\text{subject to} \quad \|\boldsymbol{x}\|_2^2 \leq D^2$$

と表せます（ここで，subject to 以下は問題の制約を表します）．対応するラグランジュ関数は

$$L(\boldsymbol{x}, \beta) = \frac{1}{2}\|\boldsymbol{x} - \boldsymbol{y}\|_2^2 + \frac{\beta}{2}(\|\boldsymbol{x}\|_2^2 - D^2),$$

ただし，$\beta \geq 0$ です．KKT 条件 A.5 より，$\boldsymbol{x}^*$ が最適解であるための必要十分条件は，ある $\beta^* \geq 0$ が存在して，(i) $\nabla_{\boldsymbol{x}} L(\boldsymbol{x}^*, \beta^*) = \boldsymbol{0}$, (ii) $\|\boldsymbol{x}^*\|_2^2 - D^2 \leq 0$, (iii) $\beta^*(\|\boldsymbol{x}^*\|_2^2 - D^2) = 0$ を満たすことです．(i) より，$\boldsymbol{x}^* = \boldsymbol{y}/(1 + \beta^*)$ と表せます．

ここで，

$$\beta^* = \begin{cases} 0 & \|\boldsymbol{y}\|_2 \leq D \text{ の場合}, \\ \frac{\|\boldsymbol{y}\|_2}{D} - 1 & \|\boldsymbol{y}\|_2 > D \text{ の場合}. \end{cases}$$

とおくと，最適性の条件 (i), (ii), (iii) をすべて満たすことがわかります．したがって，最適解は

$$\boldsymbol{x}^* = \begin{cases} \boldsymbol{y} & \|\boldsymbol{y}\|_2 \leq D \text{ の場合}, \\ \frac{D\boldsymbol{y}}{\|\boldsymbol{y}\|_2} & \|\boldsymbol{y}\|_2 > D \text{ の場合} \end{cases}$$

となります．

次に，決定空間 $\mathcal{X}$ が 2 ノルム超球でない場合を考えましょう．たとえば，$\mathcal{X}$ が線形制約 $A\boldsymbol{x} \leq \boldsymbol{b}$ を用いて表現できる場合には，射影は 2 次計画問題として定式化できます．2 次計画問題は，たとえば楕円体法を用いれば多項式時間で解くことができ，また，多くの最適化ソルバ（CPLEX[*2], Gurobi[*3]など）が知られており，それらを用いて高速に解くことが可能です．一般には，決定空間 $\mathcal{X}$ の形状に合わせて射影アルゴリズムを設計する必要があります．

[*2] http://www-01.ibm.com/software/commerce/optimization/cplex-optimizer/
[*3] http://www.gurobi.com/

OGD と 2 ノルム正則化 FTRL の関係

OGD（アルゴリズム 2.3）と逐次更新版の 2 ノルム正則化 FTRL（アルゴリズム 2.1）を眺めてみると，ほとんど同じ振る舞いをしていることがわかります．唯一の違いは射影の仕方にあります．

OGD: $x_{t+1/2} = x_t - \eta g_t, x_{t+1} = \arg\min_{x \in \mathcal{X}} \|x - x_{t+1/2}\|_2^2$

2-FTRL: $y_{t+1} = y_t - \eta g_t, x_{t+1} = \arg\min_{x \in \mathcal{X}} \|x - y_{t+1}\|_2^2$

上のように，OGD は毎回，射影 x_t から加算的更新を行い，再度射影するのに対して，FTRL の方は射影なしのベクトル y_t を保持しておき，y_t からの射影を求めます．解析のうえではどちらでも同じリグレット上界が得られます．しかし，実装を行う際，OGD では保持しておくベクトルが常に空間 $\mathcal{X}$ の内部にとどまるのに対して，逐次更新版 FTRL では，保持しているベクトル y_t は $\mathcal{X}$ をはみ出してしまい，ステップ数が進むにつれて大きさが巨大になるおそれがあります．アルゴリズムを実装する際には OGD の方が数値解析的な意味で頑健といえます．ただ，大雑把な理解の仕方としては，"OGD≈ 2 ノルム正則化 FTRL + 損失関数の線形近似" でよいと思います．

より厳密には，OGD の更新は以下の最適化問題

$$x_{t+1} = \arg\min_{x \in \mathcal{X}} g_t \cdot x + \frac{1}{\eta}\|x - x_t\|_2^2$$

の解と一致します（証明は定理 2.6 と同様にできます）．この定式化により，OGD の更新は最後の損失ベクトルに対して損失が小さく，かつ直前の予測と 2 ノルム距離の上で十分近い予測を求めていると解釈できます．これらの解釈はリグレットの証明には直接関係しませんが，アルゴリズムの設計指針としては有効かもしれません．

2.3.4 ブレグマン・ダイバージェンス

本項では以降で必要となる **ブレグマン・ダイバージェンス (Bregman divergence)** の概念について説明します．ブレグマン・ダイバージェンスは，ユークリッド距離（2 ノルム距離）や KL ダイバージェンスを一般化したも

のです.ブレグマン・ダイバージェンスは統計学,特に情報幾何でよく用いられますが,オンライン予測の分野においても中心的な概念の1つです.

> **定義 2.5（ブレグマン・ダイバージェンス）**
>
> 閉凸集合 $\mathcal{X}$ 上の2回微分可能な狭義凸関数 $F: \mathcal{X} \to \mathbb{R}$ に対する,点 y から点 x へのブレグマン・ダイバージェンス $D_F(x, y)$ とは
> $$D_F(x, y) = F(x) - F(y) - \nabla F(y) \cdot (x - y)$$
> と定義されます.

図 2.4 に例示しているように,$D(x, y)$ は凸関数 F の点 y における接線を考えたとき,その接線の x における値 $g(x) = \nabla F(y) \cdot (x - y) + F(y)$ と $F(x)$ との差に対応しています.

定義より,ブレグマン・ダイバージェンス $D_F(x, y)$ は第1引数 x に関して狭義凸です.また,ブレグマン・ダイバージェンスは一般に対称ではありません,つまり一般に $D_F(x, y) \neq D_F(y, x)$ です.以下に基本的な性質をまとめます.

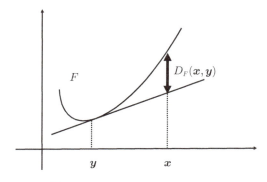

図 2.4　ブレグマン・ダイバージェンス

2.3 Follow The Regularized Leader (FTRL) 戦略

命題 2.9(ブレグマン・ダイバージェンスの性質)

任意の $\boldsymbol{x}, \boldsymbol{y} \in \mathcal{X}$ および,ブレグマン・ダイバージェンス $D_F(x,y)$ について以下が成り立ちます.

1. $D_F(\boldsymbol{x}, \boldsymbol{y}) \geq 0$. また,等号が成立する必要十分条件は $\boldsymbol{x} = \boldsymbol{y}$.
2. 任意の正数 $c > 0$ に対して, $D_{cF}(\boldsymbol{x}, \boldsymbol{y}) = cD_F(\boldsymbol{x}, \boldsymbol{y})$
3. 任意の線形関数 $G(\boldsymbol{x}) = \boldsymbol{a} \cdot \boldsymbol{x} + b$ に対して, $D_{F+G}(\boldsymbol{x}, \boldsymbol{y}) = D_F(\boldsymbol{x}, \boldsymbol{y})$.
4. 任意の凸関数 $G: \mathcal{X} \to \mathbb{R}$ に対して, $D_{F+G}(\boldsymbol{x}, \boldsymbol{y}) \geq D_F(\boldsymbol{x}, \boldsymbol{y})$.

ここで,命題 2.9 の 1, 4 は F の(狭義)凸性から, 2, 3 はブレグマン・ダイバージェンスの定義から成り立ちます.

ではいくつか例を示しましょう.

例 2.3.1 (2 ノルム距離) $F(\boldsymbol{x}) = \frac{1}{2}\|\boldsymbol{x}\|_2^2$ とします.このとき,

$$D_F(\boldsymbol{x}, \boldsymbol{y}) = \frac{1}{2}\|\boldsymbol{x} - \boldsymbol{y}\|_2^2$$

は 2 ノルム距離の 2 乗(の 1/2 倍)と一致します.

例 2.3.2 (マハラノビス距離) $F(\boldsymbol{x}) = \frac{1}{2}\|\boldsymbol{x}\|_A^2 = \frac{1}{2}\boldsymbol{x}^\top A\boldsymbol{x}$ (A は半正定値行列)とします.このとき,

$$D_F(\boldsymbol{x}, \boldsymbol{y}) = \frac{1}{2}\|\boldsymbol{x} - \boldsymbol{y}\|_A^2$$

はマハラノビス距離の 2 乗(の 1/2 倍)と一致します.

例 2.3.3 (KL ダイバージェンス) $P_n = \{\boldsymbol{x} \in [0,1]^n \mid \sum_{i=1}^{n} x_i = 1\}$ 上の負のエントロピー (negative entropy) $F(\boldsymbol{x}) = \sum_{i=1}^{n} x_i \ln x_i$ を考えます.このとき,

$$D_F(\boldsymbol{x}, \boldsymbol{y}) = \sum_{i=1}^{n} x_i \ln \frac{x_i}{y_i}$$

は KL ダイバージェンス(相対エントロピーとも呼ぶ)と一致します.

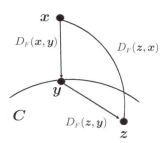

図 2.5 ブレグマン・ダイバージェンスに対する一般化ピタゴラスの定理．

例 2.3.4 (非正規化相対エントロピー) $\mathbb{R}_+^n = \{\boldsymbol{x} \in \mathbb{R}^n \mid \boldsymbol{x} \geq \boldsymbol{0}\}$ 上の非正規化負のエントロピー $F(\boldsymbol{x}) = \sum_{i=1}^n x_i \ln x_i - \sum_{i=1}^n x_i$ に対して，

$$D_F(\boldsymbol{x}, \boldsymbol{y}) = \sum_{i=1}^n x_i \ln \frac{x_i}{y_i} + \sum_{i=1}^n y_i - \sum_{i=1}^n x_i$$

は非正規化相対エントロピー (unnormalized relative entropy) と呼ばれます．

では，重要な概念の 1 つであるブレグマン射影について述べます．

定義 2.6（ブレグマン射影）

$C \subset \mathcal{X}$ を閉凸集合とします．ブレグマン・ダイバージェンス D_F に基づく $\boldsymbol{y}$ の C へのブレグマン射影は以下のように定義されます：

$$\boldsymbol{x} = \arg\min_{\boldsymbol{x} \in C} D_F(\boldsymbol{x}, \boldsymbol{y}).$$

F の狭義凸性と C の閉凸集合であるという仮定から，ブレグマン射影は一意に存在することが示せます．

次に，ブレグマン射影に関する幾何学的性質を説明します．2 ノルム距離の 2 乗については，ピタゴラスの定理が成り立つ事はよく知られています．実は，2 ノルム距離の一般化であるブレグマン・ダイバージェンスについてもよく似た性質が成り立ちます．

定理 2.10 (一般化ピタゴラスの定理)

$\mathcal{C} \subset \mathbb{R}^n$ を凸集合とします.任意の $\boldsymbol{x} \in \mathbb{R}^n$ に対して,$\boldsymbol{x}$ の $\mathcal{C}$ に対するブレグマン・ダイバージェンス D_F に基づく射影を $\boldsymbol{y} = \arg\min_{\boldsymbol{y}^* \in \mathcal{C}} D_F(\boldsymbol{y}^*, \boldsymbol{x})$ とします.このとき,任意の $\boldsymbol{z} \in \mathcal{C}$ に対して,
$$D_F(\boldsymbol{z}, \boldsymbol{x}) \geq D_F(\boldsymbol{z}, \boldsymbol{y}) + D_F(\boldsymbol{y}, \boldsymbol{x})$$
が成り立ちます(図 2.5).特に,$\mathcal{C}$ がアフィン集合のとき,等号が成立します.

証明は文献 [8] などを参照してください.

2.3.5 FTRL 戦略 の一般化

FTRL 戦略は,より一般的な凸正則化項 R についても定義することができます.ここで,関数 $R: \mathcal{X} \to \mathbb{R}$ は 2 回微分可能な凸関数と仮定します.

本項では,話を簡単にするため,オンライン線形最適化問題の場合においてアルゴリズムの説明をします.したがって,各試行における損失関数は $f_t(\boldsymbol{x}) = \boldsymbol{g}_t \cdot \boldsymbol{x}$ と書けるものとします.2.3.4 項で述べたように,オンライン凸最適化のオンライン線形最適化への帰着を用いることで,オンライン凸最適化問題も同様に扱うことが可能です.

定義 2.7 (正則化項 R に対する FTRL (R-FTRL))

各試行 t において:
$$\boldsymbol{x}_t = \arg\min_{\boldsymbol{x} \in \mathcal{X}} \sum_{\tau=1}^{t-1} \boldsymbol{g}_\tau \cdot \boldsymbol{x} + \frac{1}{2\eta} R(\boldsymbol{x}),$$
ただし η は正の定数です.

2 ノルム正則化 FTRL と同様に,R-FTRL についても同様のリグレットの上界が得られます.

> **定理 2.11**（R-FTRL のリグレット上界）
>
> 定義域 $\mathcal{X}$ について
> $$\max_{\boldsymbol{x} \in \mathcal{X}} R(\boldsymbol{x}) - R(\boldsymbol{x}_1) \leq D^2,$$
> かつ，$t = 1, \ldots, T$ において
> $$\max_{t=1,\ldots,T, \boldsymbol{x} \in \mathcal{X}} \boldsymbol{g}_t^\top (\nabla^2 R(\boldsymbol{x}))^{-1} \boldsymbol{g}_t \leq G^2$$
> が成り立つとします．このとき，，$\eta = (D/G)/\sqrt{T}$ とすると，
> $$\text{Regret}_{R\text{-FTRL}}(T) = O\left(DG\sqrt{T}\right)$$
> が成り立ちます．

証明．

$\Phi_t(\boldsymbol{x}) = \sum_{\tau=1}^{t} \boldsymbol{g}_\tau \cdot \boldsymbol{x} + \frac{1}{\eta} R(\boldsymbol{x})$ とおくと，$\boldsymbol{x}_t = \arg\min_{\boldsymbol{x} \in \mathcal{X}} \Phi_{t-1}(\boldsymbol{x})$ と書けます．このとき，

$$\Phi_t(\boldsymbol{x}_{t+1}) - \Phi_{t-1}(\boldsymbol{x}_t) = \boldsymbol{g}_t \cdot \boldsymbol{x}_{t+1} + \Phi_{t-1}(\boldsymbol{x}_{t+1}) - \Phi_{t-1}(\boldsymbol{x}_t)$$

が成り立ちます．ここで，凸関数に関する性質（補題 A.4）を用いると，任意の $\boldsymbol{x} \in \mathcal{X}$ に対し，$\nabla \Phi_{t-1}(\boldsymbol{x}_t) \cdot (\boldsymbol{x} - \boldsymbol{x}_t) \geq 0$ が成り立つことから，

$$\begin{aligned}\Phi_t(\boldsymbol{x}_{t+1}) - \Phi_{t-1}(\boldsymbol{x}_t) &\geq \boldsymbol{g}_t \cdot \boldsymbol{x}_{t+1} + \Phi_{t-1}(\boldsymbol{x}_{t+1}) - \Phi_{t-1}(\boldsymbol{x}_t) \\ &\quad - \nabla \Phi_{t-1}(\boldsymbol{x}_t) \cdot (\boldsymbol{x}_{t+1} - \boldsymbol{x}_t) \\ &= \boldsymbol{g}_t \cdot \boldsymbol{x}_{t+1} + D_{\Phi_{t-1}}(\boldsymbol{x}_{t+1}, \boldsymbol{x}_t) \\ &= \boldsymbol{g}_t \cdot \boldsymbol{x}_{t+1} + \frac{1}{\eta} D_R(\boldsymbol{x}_{t+1}, \boldsymbol{x}_t)\end{aligned}$$

がいえます．ここで，最後の 2 行ではブレグマン・ダイバージェンスの定義およびその性質（命題 2.9）を用いました．次に，ブレグマン・ダイバージェンス $D_R(\boldsymbol{x}_{t+1}, \boldsymbol{x}_t)$ の $\boldsymbol{x}_t$ におけるテイラー近似を考えると，ある $\boldsymbol{x}_t$ と $\boldsymbol{x}_{t+1}$ の内分点 $\boldsymbol{z}_t$ に対して

$$D_R(\boldsymbol{x}, \boldsymbol{x}_t) = \frac{1}{2}(\boldsymbol{x} - \boldsymbol{x}_t)^\top \nabla^2 R(\boldsymbol{z}_t)(\boldsymbol{x} - \boldsymbol{x}_t)$$

2.3 Follow The Regularized Leader (FTRL) 戦略

が成り立ちます．よって，不等式右辺のブレグマン・ダイバージェンスをマハラノビス距離で記述することができます．さらに，x_{t+1} の代わりに，不等式の右辺を最小化する点で置き換え，下界を得ます：

$$\Phi_t(x_{t+1}) - \Phi_{t-1}(x_t) \geq \min_{x \in \mathbb{R}^n} g_t \cdot x + \frac{1}{2\eta}(x - x_t)^\top \nabla^2 R(z_t)(x - x_t).$$

右辺の式を解くと，$x = x_t - \eta \nabla^2 R(z_t)^{-1} g_t$ が得られます．これを代入すると，

$$\Phi_t(x_{t+1}) - \Phi_{t-1}(x_t) \geq g_t \cdot (x_t - \eta \nabla^2 R(z_t)^{-1} g_t) + \frac{\eta}{2} g_t^\top \nabla^2 R(z_t)^{-1} g_t$$
$$= g_t \cdot x_t - \frac{\eta}{2} g_t^\top \nabla^2 R(z_t)^{-1} g_t$$

が成り立ちます．この不等式を $t = 1, \ldots, T$ まで足し合わせると，

$$\Phi_T(x_{T+1}) - \Phi_0(x_1) \geq \sum_{t=1}^T g_t \cdot x_t - \frac{\eta}{2} \sum_{t=1}^T g_t^\top \nabla^2 R(z_t)^{-1} g_t$$

が成り立ちます．さらに整理すると，

$$\sum_{t=1}^T g_t \cdot x_t \leq \Phi_T(x_{T+1}) - \Phi_0(x_1) + \frac{\eta}{2} \sum_{t=1}^T g_t^\top \nabla^2 R(z_t)^{-1} g_t$$
$$\leq \min_{x \in \mathcal{X}} \sum_{t=1}^T g_t \cdot x + \frac{1}{\eta} D^2 + \eta T G^2$$

が成り立ちます．ここで，第2項と第3項は $\eta = (D/G)/\sqrt{T}$ のとき最小となり，この η を代入すると，

$$\sum_{t=1}^T g_t \cdot x_t \leq \min_{x \in \mathcal{X}} \sum_{t=1}^T g_t \cdot x + + DG\sqrt{T}$$

が成り立ちます． □

2ノルム正則化 FTRL と同様に，一般の凸正則化項 R を用いた FTRL に対しても対応する逐次更新版が存在します．その逐次更新版は**オンライン鏡像降下法 (Online Mirror Descent, OMD)** と呼ばれるアルゴリズムとほぼ同じ振る舞いをすることから，本書では簡単のため単に OMD と呼ぶこ

とにします.*4.

アルゴリズム 2.4　オンライン鏡像降下法 (OMD)

> パラメータ: $\eta > 0$
> 初期化: $\bm{x}_1 = \bm{y}_1 = \bm{0}$
> 各試行 $t = 1, \ldots, T$ において，以下が行われる．
> 1. $\bm{x}_t \in \mathcal{X}$ を提示する．
> 2. 線形な損失関数 $f_t(\bm{x}) = \bm{g}_t \cdot \bm{x}$ を受け取り，損失 $\bm{g}_t \cdot \bm{x}_t$ を被る．
> 3. $\bm{y}_{t+1} = \bm{y}_t - \eta \bm{g}_t$.
> 4. $\bm{x}_{t+\frac{1}{2}} = \nabla R^{-1}(\bm{y}_{t+1})$.
> 5. $\bm{x}_{t+1} = \arg\min_{\bm{x} \in \mathcal{X}} D_R(\bm{x}, \bm{x}_{t+\frac{1}{2}})$.

定理 2.12（FTRL 戦略と OMD の等価性）

R-FTRL は OMD（アルゴリズム 2.4）と等価．

証明．

まず，アルゴリズム 2.4 より $\nabla R(\bm{x}_{t+1}) = \bm{y}_{t+1} = -\eta \sum_{\tau=1}^{t} \bm{g}_\tau$ が成り立ちます．すると，アルゴリズムの予測 $\bm{x}_{t+1}$ について以下が成り立ちます．

$$\begin{aligned}
\bm{x}_{t+1} &= \arg\min_{\bm{x} \in \mathcal{X}} D_R(\bm{x}, \bm{x}_{t+\frac{1}{2}}) \\
&= \arg\min_{\bm{x} \in \mathcal{X}} R(\bm{x}) - R(\bm{x}_{t+\frac{1}{2}}) - \nabla R(\bm{x}_{t+\frac{1}{2}}) \cdot (\bm{x} - \bm{x}_{t+\frac{1}{2}}) \\
&= \arg\min_{\bm{x} \in \mathcal{X}} R(\bm{x}) - R(\bm{x}_{t+\frac{1}{2}}) + \eta \sum_{\tau=1}^{t} \bm{g}_\tau \cdot \bm{x} \\
&= \arg\min_{\bm{x} \in \mathcal{X}} \frac{1}{\eta} R(\bm{x}) + \sum_{tau=1}^{t} \bm{g}_\tau \cdot \bm{x}.
\end{aligned}$$

---

*4　本やサーベイによってはこれから紹介する逐次更新版を OMD と明確に区別するために OMD with lazy update [19] や OMD with lazy projection [37] などと呼んでいます．

2.3 Follow The Regularized Leader (FTRL) 戦略

すなわち，アルゴリズムの等価性がいえました. □

---
2 種類の OMD

OMD には本書で扱うバージョン（アルゴリズム 2.4）と，もう 1 つのバージョンがあります．2-FTRL と OGD の関係と同様に，唯一の違いは射影の仕方にあります．
OMD（その 1）：

$$\boldsymbol{x}_{t+1/2} = \nabla R^{-1}(\nabla R(\boldsymbol{x}_t) - \eta \boldsymbol{g}_t),$$
$$\boldsymbol{x}_{t+1} = \arg\min_{\boldsymbol{x} \in \mathcal{X}} D_R(\boldsymbol{x}, \boldsymbol{x}_{t+1/2})$$

OMD（その 2，本書）：

$$\boldsymbol{y}_{t+1} = \boldsymbol{y}_t - \eta \boldsymbol{g}_t$$
$$\boldsymbol{x}_{t+\frac{1}{2}} = \nabla R^{-1}(\boldsymbol{y}_{t+1})$$
$$\boldsymbol{x}_{t+1} = \arg\min_{\boldsymbol{x} \in \mathcal{X}} D_R(\boldsymbol{x}, \boldsymbol{x}_{t+1/2})$$

OMD（その 1）は毎回，射影 $\boldsymbol{x}_t$ から $\nabla R(\boldsymbol{x}_1)^{-1}$ によって写像した後，加算的更新を行い，再度 ∇R を作用させて，射影を行います．一方，OMD（その 2）では，$\boldsymbol{y}_t$ を保持しておき，加算的更新を行った後，∇R を作用させて，射影を行います．やはり，リグレットを保証するうえではどちらも同じ保証が得られることが知られています．しかし，OGD と同様に，OMD（その 1）では保持しておくベクトルが常に空間 $\mathcal{X}$ の内部にとどまるのに対して，OMD（その 2）では，保持しているベクトル $\boldsymbol{y}_t$ は $\mathcal{X}$ をはみ出してしまい，ステップ数が進むにつれて巨大になるおそれがあります．

では，具体的な正則化項 R の例を見てみましょう．

例 2.3.5 (2-FTRL, OGD) $R(\boldsymbol{x}) = \frac{1}{2}\|\boldsymbol{x}\|_2^2$ とおくと，$\nabla R(\boldsymbol{x}) = \nabla R(\boldsymbol{x})^{-1} = \boldsymbol{x}$ となり，R-FTRL は前述の 2-FTRL と一致します．また，OGD とほぼ同じ振る舞いをします．

例 2.3.6 (ヘッジアルゴリズム) $\mathcal{X} = P_n = \{\boldsymbol{x} \in [0,1] \mid \sum_{i=1}^n x_i = 1\}$ とし，正則化項 R を負のエントロピー関数 $R(\boldsymbol{x}) = \sum_{i=1}^n x_i \ln x_i$ とおくと，

$\nabla R(\boldsymbol{x})_i = \ln x_i + 1$, $\nabla R(\boldsymbol{x})_i^{-1} = e^{x_i - 1}$ となり，対応する OMD の更新は

$$x_{t+1,i} = \frac{x_{t,i} e^{-g_{t,i}}}{\sum_{i=1}^{n} x_{t,i} e^{-g_{t,i}}}$$

となります．これは第 1 章で述べたヘッジアルゴリズムと一致します．

以上より，FTRL 戦略とブレグマン・ダイバージェンスを用いることにより，既存のオンライン予測手法の更新がうまく動機づけられることがわかりました．これら 2 つは新たにアルゴリズムを設計する際に指針となる概念といえます．

2.3.6 オンライン線形最適化問題に対するリグレット下界

本節ではオンライン線形最適化問題に対するリグレットの下界を示します．

> **定理 2.13（オンライン線形最適化におけるリグレット下界）**
>
> 定義域 $\mathcal{X}$ が $\mathcal{X} \subseteq \{\boldsymbol{x} \mid \|\boldsymbol{x}\|_2 \leq D\}$ を満たすとします．また，各試行 $t = 1, \ldots, T$ において，$\|\boldsymbol{g}_t\|_2 \leq G$ とします．このとき，ある決定空間 $\mathcal{X}$ が存在して任意のオンライン予測手法 A のリグレットは
>
> $$\mathrm{Regret}_A(T) = \Omega(GD\sqrt{T})$$
>
> を満たします．

証明．

$\mathcal{X} = [-1, 1]^n$ とし，損失関数の空間を $\{\pm 1\}^n$ とします．敵対者は一様ランダムに損失関数 $\boldsymbol{g}_t \in \{\pm 1\}^n$ を選びます．より厳密には各 $i = 1, \ldots, n$ に対して

$$g_{t,i} = \begin{cases} 1 & \text{確率 } \frac{1}{2} \\ -1 & \text{確率 } \frac{1}{2} \end{cases}$$

と定義します．このとき，各試行 t におけるプレイヤーの期待損失はその戦略によらず，

$$E[\boldsymbol{x}_t \cdot \boldsymbol{g}_t] = \sum_{i=1}^{n} \left(\frac{1}{2} x_{t,i} - \frac{1}{2} x_{t,i} \right) = 0$$

となります.したがって,プレイヤーの期待累積損失についても $E[\sum_{t=1}^{T} \boldsymbol{x}_t \cdot \boldsymbol{g}_t] = 0$ が成り立ちます.一方,

$$-E\left[\min_{\boldsymbol{x} \in \mathcal{X}} \sum_{t=1}^{T} \boldsymbol{x} \cdot \boldsymbol{g}_t\right] = \sum_{i=1}^{n} E\left[\max_{x_i \in \{-1,1\}} x_i \sum_{t=1}^{T} g_{t,i}\right]$$
$$= \sum_{i=1}^{n} E\left[\left|\sum_{t=1}^{T} g_{t,i}\right|\right]$$

(各 x_i を $\sum_{t 1}^{T} g_{t,i}$ と同符号になるように選ぶと最大)

が成り立つことから,ヒンチン・カハネの不等式(定理 A.7)を $n = T$,$\boldsymbol{x} = (1, ..., 1)^\top \in \mathbb{R}^T$ について適用すると

$$\sum_{i=1}^{n} E\left[\left|\sum_{t=1}^{T} g_{t,i}\right|\right] \geq \frac{n}{\sqrt{2}} \sqrt{T}$$

となります.したがって,期待リグレット(リグレットの期待値)は $\Omega(n\sqrt{T})$ となります.すると,ある損失ベクトルの系列が存在して,やはりリグレットが $\Omega(n\sqrt{T})$ となります(もし,そのような系列が存在しなければ期待リグレットが得られた下界未満になってしまい矛盾します). □

以上から,オンライン線形最適化問題に対して,OGD が(下界と一致するという意味で)「最悪時」には最適なリグレット上界をもつことがわかります.

2.3.7 損失関数が強凸である場合

損失関数が線形ないし,凸の場合には $O(\sqrt{T})$ のリグレットの上界が得られました.しかし,損失関数の「凸性」が強い場合,凸性を活かしてもっとよいリグレットの上界を得ることが可能です.

まず,準備として,強凸性の概念を導入します.

> **定義 2.8**（α-強凸性）
>
> 関数 $f: \mathcal{X} \to \mathbb{R}$ が $\mathcal{X}$ において α-強凸 (α-strongly convex) であるとは，任意の点 $\boldsymbol{x}, \boldsymbol{z} \in \mathcal{X}$，および $\boldsymbol{z}$ における任意の劣勾配 $\boldsymbol{g} \in \partial f(\boldsymbol{z})$ に対して
> $$f(\boldsymbol{x}) \geq f(\boldsymbol{z}) + \boldsymbol{g} \cdot (\boldsymbol{x} - \boldsymbol{z}) + \frac{\alpha}{2}\|\boldsymbol{x} - \boldsymbol{z}\|_2^2$$
> を満たすことをいいます．

たとえば，オンライン 2 乗損失最小化（例 2.1.4）における損失関数は強凸性をもちます．もし，損失関数が α-強凸であることがわかっている場合，OGD を少し変更するだけで，リグレットを改善することができます（アルゴリズム 2.5）．

アルゴリズム 2.5　α-強凸な損失関数に対する OGD(α-OGD)

> パラメータ: $\alpha > 0$
> 初期化: $\boldsymbol{x}_1 = \boldsymbol{y}_1 = \boldsymbol{0}$
> 各試行 $t = 1, \ldots, T$ において，以下が行われる．
> 1. $\boldsymbol{x}_t$ を提示する．
> 2. 損失関数 f_t を受け取り，損失 $f_t(\boldsymbol{x}_t)$ を被る．
> 3. 任意に劣勾配 $\boldsymbol{g}_t \in \partial f_t(\boldsymbol{x}_t)$ を選び，$\boldsymbol{x}_{t+1/2} = \boldsymbol{x}_t - \eta_t \boldsymbol{g}_t$，ただし $\eta_t = 1/\alpha t$ とする．
> 4. $\boldsymbol{x}_{t+1} = \arg\min_{\boldsymbol{x} \in \mathcal{X}} \|\boldsymbol{x} - \boldsymbol{x}_{t+1/2}\|_2^2$.

OGD と α-OGD の大きな違いは，(i)α-OGD が強凸性のパラメータ α を明示的に利用している点と，(ii) 更新パラメータ η が OGD では固定なのに対して，α-OGD では試行回数 t に応じて変化していることです．一見微妙な違いに見えますが，実はリグレットは $O(\sqrt{T})$ から $O(\ln T)$ に劇的に改善されることが知られています．

2.3 Follow The Regularized Leader (FTRL) 戦略

定理 2.14（強凸な損失関数に対する OGD のリグレット上界）

任意の $\bm{x} \in \mathcal{X}$ に対して，$\|\bm{x}\|_2 \leq D$ かつ，任意の $t = 1, \ldots, T$ および任意の $\bm{g} \in \partial f_t(\bm{x}_t)$ に対して，$\|\bm{g}_t\|_2 \leq G$ が成り立つとします．このとき，α-強凸な損失関数に対する α-OGD（アルゴリズム 2.5）のリグレットは

$$\mathrm{Regret}_{\alpha\text{-OGD}}(T) = O\left(\frac{G^2}{\alpha} \ln T\right)$$

を満たします．

証明．
損失関数 f_t の $\mathcal{X}$ における α-強凸性より，任意の $\bm{x}^* \in \mathcal{X}$ に対して，

$$f_t(\bm{x}^*) \geq f_t(\bm{x}_t) + \bm{g}_t \cdot (\bm{x}^* - \bm{x}_t) + \frac{\alpha}{2}\|\bm{x}^* - \bm{x}_t\|_2^2$$

が成り立ちます．したがって，

$$\sum_{t=1}^{T}(f_t(\bm{x}_t) - f_t(\bm{x}^*)) \leq \sum_{t=1}^{T}\left(\bm{g}_t \cdot (\bm{x}_t - \bm{x}^*) - \frac{\alpha}{2}\|\bm{x}_t - \bm{x}^*\|_2^2\right)$$

が成り立ちます．
ここで，一般化ピタゴラスの定理（定理 2.10）より，

$$\|\bm{x}_{t+1/2} - \bm{x}_{t+1}\|_2^2 + \|\bm{x}_{t+1} - \bm{x}^*\|_2^2 \leq \|\bm{x}_{t+1/2} - \bm{x}^*\|_2^2$$

がいえます．移項し整理すると，

$$\begin{aligned}\|\bm{x}_{t+1} - \bm{x}^*\|_2^2 &\leq \|\bm{x}_{t+1/2} - \bm{x}^*\|_2^2 - \|\bm{x}_{t+1/2} - \bm{x}_{t+1}\|_2^2 \\ &\leq \|\bm{x}_{t+1/2} - \bm{x}^*\|_2^2\end{aligned}$$

が成り立ちます．一方，

$$\begin{aligned}\|\bm{x}_{t+1/2} - \bm{x}^*\|_2^2 - \|\bm{x}_t - \bm{x}^*\|_2^2 &= \|\bm{x}_t - \eta_t \bm{g}_t - \bm{x}^*\|_2^2 - \|\bm{x}_t - \bm{x}^*\|_2^2 \\ &= \eta_t^2 \|\bm{g}_t\|_2^2 - 2\eta_t \bm{g}_t \cdot (\bm{x}_t - \bm{x}^*)\end{aligned}$$

より，これを整理すると，

$$\boldsymbol{g}_t \cdot (\boldsymbol{x}_t - \boldsymbol{x}^*) = \frac{1}{2\eta_t}(\|\boldsymbol{x}_t - \boldsymbol{x}^*\|_2^2 - (\|\boldsymbol{x}_{t+1/2} - \boldsymbol{x}^*\|_2^2) + \frac{\eta_t}{2}\|\boldsymbol{g}_t\|_2^2$$

が成り立ちます.

したがって, 任意の $\boldsymbol{x}^* \in \mathcal{X}$ に対して,

$$\sum_{t=1}^{T} f_t(\boldsymbol{x}_t) - \sum_{t=1}^{T} f_t(\boldsymbol{x}^*)$$

$$\leq \sum_{t=1}^{T} \left(\boldsymbol{g}_t \cdot (\boldsymbol{x}_t - \boldsymbol{x}^*) - \frac{\alpha}{2}\|\boldsymbol{x}_t - \boldsymbol{x}^*\|_2^2 \right)$$

$$= \sum_{t=1}^{T} \frac{1}{2\eta_t}(\|\boldsymbol{x}_t - \boldsymbol{x}^*\|_2^2 - (\|\boldsymbol{x}_{t+1/2} - \boldsymbol{x}^*\|_2^2)$$

$$\quad + \sum_{t=1}^{T} \left(\frac{\eta_t}{2}\|\boldsymbol{g}_t\|_2^2 - \frac{\alpha}{2}\|\boldsymbol{x}_t - \boldsymbol{x}^*\|_2^2 \right)$$

$$\leq \sum_{t=1}^{T} \frac{1}{2\eta_t}(\|\boldsymbol{x}_t - \boldsymbol{x}^*\|_2^2 - (\|\boldsymbol{x}_{t+1} - \boldsymbol{x}^*\|_2^2)$$

$$\quad + \sum_{t=1}^{T} \left(\frac{\eta_t}{2}\|\boldsymbol{g}_t\|_2^2 - \frac{\alpha}{2}\|\boldsymbol{x}_t - \boldsymbol{x}^*\|_2^2 \right)$$

$$= \left(\frac{1}{2\eta_1} - \frac{\alpha}{2} \right) \|\boldsymbol{x}_1 - \boldsymbol{x}^*\|_2^2 + \sum_{t=2}^{T} \left(\frac{1}{2\eta_t} - \frac{1}{2\eta_{t-1}} - \frac{\alpha}{2} \right) \|\boldsymbol{x}_t - \boldsymbol{x}^*\|_2^2$$

$$\quad - \frac{1}{2\eta_T}\|\boldsymbol{x}_{T+1} - \boldsymbol{x}^*\|_2^2 + \sum_{t=1}^{T} \frac{\eta_t}{2}\|\boldsymbol{g}_t\|_2^2$$

$$\leq \frac{1}{2\eta_1}\|\boldsymbol{x}_1 - \boldsymbol{x}^*\|_2^2 + \sum_{t=1}^{T} \frac{1}{2\alpha t}\|\boldsymbol{g}_t\|_2^2$$

$$\leq \frac{G^2}{2\alpha} \left(\int_1^{T+1} \frac{1}{t} \mathrm{d}t + 1 \right)$$

$$= \frac{G^2}{2\alpha}(\ln T + 1)$$

が成り立ちます. □

2.4 オンラインニュートン法と Follow The Approximate Leader 戦略

前節では損失関数が強凸である場合に $O(\sqrt{T})$ よりも強いリグレット上界 $O(\log T)$ が得られることを示しました.しかし,損失関数が強凸でない場合でも $O(\log T)$ のリグレット上界を得ることはできないでしょうか.実は,強凸性よりも緩い条件のもとでやはり $O(\log T)$ の上界を得ることができます.

定義 2.9(exp 凹性 (exp-concavity))

正数 $\alpha > 0$ に対して関数 $f : \mathcal{X} \to \mathbb{R}$ が $\mathcal{X}$ において $\alpha\text{-exp}$ 凹であるとは,$\exp(-\alpha f(\boldsymbol{x}))$ が凹関数となることをいいます.

たとえば,任意の正数 $0 < \alpha \leq 1$ に対して $f(\boldsymbol{x}) = -\ln(\boldsymbol{v} \cdot \boldsymbol{x})$ は $\alpha\text{-exp}$ 凹となります.これは,$g(\boldsymbol{x}) = \exp(-\alpha f(\boldsymbol{x})) = (\boldsymbol{v} \cdot \boldsymbol{x})^{\alpha}$ は $0 < \alpha < 1$ のとき凹関数となることから成り立ちます.注意してほしい点は,関数 $f(\boldsymbol{x}) = -\ln(\boldsymbol{v} \cdot \boldsymbol{x})$ は一般に強凸性を満たさないことです.たとえば,1次元の簡単な場合として $f(x) = -\ln(vx)$ を考えましょう.関数 f について2次のテイラー展開を行うと,$f(x) \approx f(z) - \frac{1}{z}(x-z) + \frac{1}{2(z)^2}(x-z)^2$ が得られます.ここで,2次の係数を見てみると,z が大きくなるのと反比例して小さくなっていくことがわかります.一方,関数が強凸性を満たすならば2次の係数はある正の定数以上でなければなりません.

また,exp 凹性は凸性よりも緩い性質です.実際,f が2回微分可能な凸関数ならば適当な $\alpha > 0$ に対して $\alpha\text{-exp}$ 凹性が示せます.たとえば f が2回微分可能な1変数凸関数の場合,$g(x) = \exp(-\alpha f(x))$ が凹であるための必要十分条件は $g''(x) = -\alpha f''(x)\exp(-\alpha f(x)) + \alpha^2 f'(x)f'(x)\exp(-\alpha f(x)) \leq 0$,すなわち $\alpha \leq f''(x)/f'(x)^2$ となります.

次に関数が exp 凹性をもつとき,その2次近似に関する性質を次の定理として示します.

> **定理 2.15**（α-exp 凹であるための条件）
>
> 関数 $f: \mathcal{X} \to \mathbb{R}$ が α-exp 凹 であるための必要十分条件は，任意の $\bm{x} \in \mathcal{X}$ について
> $$\nabla^2 f(\bm{x}) \succeq \alpha \nabla f(\bm{x}) \nabla f(\bm{x})^\top$$
> を満たすことです．

証明．

$h = \exp(-\alpha f(\bm{x}))$ とおくと，

f が α-exp 凹

$\iff \forall \bm{x} \in \mathcal{X}, \nabla^2 h(\bm{x}) \preceq \bm{0}$

$\iff \forall \bm{x} \in \mathcal{X},$
$$-\alpha \nabla^2 f(\bm{x}) \exp(-\alpha f(\bm{x})) + \alpha^2 \nabla f(\bm{x}) \nabla f(\bm{x})^\top \exp(-\alpha f(\bm{x})) \preceq \bm{0}$$

$\iff \forall \bm{x} \in \mathcal{X},$
$$\nabla^2 f(\bm{x}) \succeq \alpha \nabla f(\bm{x}) \nabla f(\bm{x})^\top$$

が成り立ちます． □

準備としてもう 1 つの概念を定義します．

> **定義 2.10**（強 2 次近似可能性）
>
> 微分可能な凸関数 $f: \mathcal{X} \to \mathbb{R}$ が $\mathcal{X}$ において β-強 2 次近似可能であるとは，任意の点 $\bm{x}, \bm{z} \in \mathcal{X}$，および $\beta > 0$ に対して
> $$f(\bm{x}) \geq f(\bm{z}) + \nabla f(\bm{z}) \cdot (\bm{x} - \bm{z}) + \frac{\beta}{2}(\bm{x} - \bm{z})^\top \nabla f(\bm{z}) \nabla f(\bm{z})^\top (\bm{x} - \bm{z})$$
> を満たすことをいいます．

強 2 次近似可能性という概念は，直観的には，関数がその 2 次近似で下から抑えられるということを意味します．しかし，2 次の項はテイラー近似で現れるようなヘシアン行列ではなく，勾配 ∇f の外積で定義されていること

に注意してください（なお，強 2 次近似可能性の定義は，ほかの定義が知られていないため本書独自のものです）．

> **定理 2.16（exp 凹関数の強 2 次近似可能性）**
>
> 関数 $f : \mathcal{X} \to \mathbb{R}$ が微分可能かつ α-exp 凹とします．また，任意の $\boldsymbol{x} \in \mathcal{X}$ に対して，$\|\boldsymbol{x}\|_2 \leq D$，かつ任意の $\boldsymbol{x} \in \mathcal{X}$ に対して，$\|\nabla f(\boldsymbol{x})\|_2 \leq G$ が成り立つとします．このとき，任意の $\beta \leq \min\{1/16GD, \alpha/2\}$ に対して，f は β-強 2 次近似可能です．

証明．
定理 2.15 および $\beta \leq \alpha/2$ より，

$$\nabla^2 f(\boldsymbol{x}) \succeq \alpha \nabla f(\boldsymbol{x}) \nabla f(\boldsymbol{x})^\top$$
$$\Longleftarrow \nabla^2 f(\boldsymbol{x}) \succeq 2\beta \nabla f(\boldsymbol{x}) \nabla f(\boldsymbol{x})^\top$$
$$\Longleftrightarrow f \text{ は } 2\beta\text{-exp 凹}$$

が成り立ちます．よって $h(\boldsymbol{x}) = \exp(-2\beta f(\boldsymbol{x}))$ とおくと，h は凹関数となります．すると，凹関数の性質より

$$h(\boldsymbol{x}) \leq h(\boldsymbol{z}) + \nabla h(\boldsymbol{z})^\top (\boldsymbol{x} - \boldsymbol{z})$$

すなわち，

$$\exp(-2\beta f(\boldsymbol{x})) \leq \exp(-2\beta f(\boldsymbol{z})) - 2\beta \exp(-2\beta f(\boldsymbol{z})) \nabla f(\boldsymbol{x})^\top (\boldsymbol{x} - \boldsymbol{z})$$

が成り立ちます．整理して両辺の対数をとると，

$$-2\beta f(\boldsymbol{x}) \leq -2\beta f(\boldsymbol{z}) + \ln(-2\beta \nabla f(\boldsymbol{z})^\top (\boldsymbol{x} - \boldsymbol{z}))$$

がいえます．ここで，コーシー・シュワルツの不等式（定理 A.1）および $\beta \leq 1/16GD$ より，$2\beta \nabla f(\boldsymbol{z})^\top (\boldsymbol{x} - \boldsymbol{z}) \leq 4\beta GD \leq 1/4$ が成り立ちます．また，$-\ln(1-a) \leq -a - a^2/4$（$|a| \leq 1/4$）より，

$$-2\beta f(\boldsymbol{x}) \leq -2\beta f(\boldsymbol{z}) - 2\beta \nabla f(\boldsymbol{z})^\top (\boldsymbol{x} - \boldsymbol{z})$$
$$- \beta^2 (\boldsymbol{x} - \boldsymbol{z}) \nabla f(\boldsymbol{z}) \nabla f(\boldsymbol{z})^\top (\boldsymbol{x} - \boldsymbol{z})$$

が成り立ち，これを整理すると

$$f(\boldsymbol{x}) \geq f(\boldsymbol{z}) + \nabla f(\boldsymbol{z})^\top (\boldsymbol{x}-\boldsymbol{z}) + \frac{\beta}{2}(\boldsymbol{x}-\boldsymbol{z})^\top \nabla f(\boldsymbol{z}) \nabla f(\boldsymbol{z})^\top (\boldsymbol{x}-\boldsymbol{z})$$

が成り立ちます． □

2.4.1　オンラインニュートン法 (ONS)

ここまで本節では，関数の exp 凹性に関する性質について述べてきました．本項ではいよいよ，exp 凹性を活かしたアルゴリズム，**オンラインニュートン法 (Online Newton Step, ONS)** を紹介します．

アルゴリズム 2.6　オンラインニュートン法 (ONS)

パラメータ: $\eta > 0, \varepsilon > 0$　初期化: $\boldsymbol{x}_1 = \boldsymbol{y}_1 = \boldsymbol{0}, A_0 = \varepsilon I_n$
各試行 $t = 1, \ldots, T$ において，以下が行われる．

1. $\boldsymbol{x}_t$ を提示する．
2. 損失関数 f_t を受け取り，損失 $f_t(\boldsymbol{x}_t)$ を被る．
3. $A_t = A_{t-1} + \nabla f_t(\boldsymbol{x}_t) \nabla f_t(\boldsymbol{x}_t)^\top$.
4. $\boldsymbol{x}_{t+1/2} = \boldsymbol{x}_t - \eta A_t^{-1} \nabla f_t(\boldsymbol{x}_t)$,
5. $\boldsymbol{x}_{t+1} = \arg\min_{\boldsymbol{x} \in \mathcal{X}} (\boldsymbol{x} - \boldsymbol{x}_{t+1/2})^\top A_t (\boldsymbol{x} - \boldsymbol{x}_{t+1/2})$.

> **補題 2.17**
>
> 任意の $\boldsymbol{x} \in \mathcal{X}$ に対して，$\|\boldsymbol{x}\|_2 \leq D$ が成り立つとします．また，任意の $t = 1, \ldots, T$ および任意の $\boldsymbol{x} \in \mathcal{X}$ に対して，$\|\nabla f_t(\boldsymbol{x})\|_2 \leq G$ が成り立つとします．さらに，$\eta = 1/\min\{1/16GD, \alpha/2\}$ とすると，α-exp 凹な損失関数に対する ONS のリグレットは
>
> $$\text{Regret}_{\text{ONS}} \leq \frac{\eta}{2} \sum_{t=1}^T \nabla f_t(\boldsymbol{x}_t)^\top A_t^{-1} \nabla f_t(\boldsymbol{x}_t) + \frac{2\varepsilon}{\eta} D^2$$
>
> を満たします．

2.4 オンラインニュートン法と Follow The Approximate Leader 戦略

証明.
α-exp 凹な損失関数の強 2 次近似可能性（定理 2.16）より，$\beta = \min\{1/16GD, \alpha/2\}$ に対して，

$$f_t(\boldsymbol{x}_t) - f_t(\boldsymbol{x}^*) \leq \nabla f_t(\boldsymbol{x}_t) \cdot (\boldsymbol{x}_t - \boldsymbol{x}^*)$$
$$- \frac{\beta}{2}(\boldsymbol{x}_t - \boldsymbol{x}^*)^\top \nabla f_t(\boldsymbol{x}_t) \nabla f_t(\boldsymbol{x}_t)^T (\boldsymbol{x}_t - \boldsymbol{x}^*) \quad (2.9)$$

が成り立ちます．一方，ONS の更新式より，

$$\boldsymbol{x}_{t+1/2} - \boldsymbol{x}^* = \boldsymbol{x}_t - \boldsymbol{x}^* - \eta A_t^{-1} \nabla f_t(\boldsymbol{x}_t) \quad (2.10)$$

が得られます．転置し両辺に右から A_t を掛けると，

$$(\boldsymbol{x}_{t+1/2} - \boldsymbol{x}^*)^\top A_t = (\boldsymbol{x}_t - \boldsymbol{x}^*)^\top A_t - \eta \nabla f_t(\boldsymbol{x}_t)^\top \quad (2.11)$$

が成り立ちます．ここで A_t が対称であることから A_t^{-1} が対称，つまり $(A_t^{-1})^\top = A_t^{-1}$ という性質を用いました．式 (2.11) の両辺に式 (2.10) の左辺，右辺をそれぞれ右から掛けると

$$(\boldsymbol{x}_{t+1/2} - \boldsymbol{x}^*)^\top A_t (\boldsymbol{x}_{t+1/2} - \boldsymbol{x}^*)$$
$$= (\boldsymbol{x}_t - \boldsymbol{x}^*)^\top A_t (\boldsymbol{x}_t - \boldsymbol{x}^*) - 2\eta \nabla f_t(\boldsymbol{x}_t)^\top (\boldsymbol{x}_t - \boldsymbol{x}^*)$$
$$+ \eta^2 \nabla f_t(\boldsymbol{x}_t)^\top A_t^{-1} \nabla f_t(\boldsymbol{x}_t) \quad (2.12)$$

が成り立ちます．また，一般化ピタゴラスの定理（定理 2.10）より，

$$(\boldsymbol{x}_{t+1/2} - \boldsymbol{x}^*)^\top A_t (\boldsymbol{x}_{t+1/2} - \boldsymbol{x}^*)$$
$$\geq (\boldsymbol{x}_{t+1} - \boldsymbol{x}_{t+1/2})^\top A_t (\boldsymbol{x}_{t+1} - \boldsymbol{x}_{t+1/2}) + (\boldsymbol{x}_{t+1} - \boldsymbol{x}^*)^\top A_t (\boldsymbol{x}_{t+1} - \boldsymbol{x}^*)$$
$$\geq (\boldsymbol{x}_{t+1} - \boldsymbol{x}^*)^\top A_t (\boldsymbol{x}_{t+1} - \boldsymbol{x}^*),$$

が成り立ちます（最後の不等式は A_t の半正定値性から成り立ちます）．よって，式 (2.11), (2.12) より

$$2\eta \nabla f_t(\boldsymbol{x}_t)^\top (\boldsymbol{x}_t - \boldsymbol{x}^*)$$
$$\leq -(\boldsymbol{x}_{t+1} - \boldsymbol{x}^*)^\top A_t (\boldsymbol{x}_{t+1} - \boldsymbol{x}^*) + (\boldsymbol{x}_t - \boldsymbol{x}^*)^\top A_t (\boldsymbol{x}_t - \boldsymbol{x}^*)$$
$$+ \eta^2 \nabla f_t(\boldsymbol{x}_t)^\top A_t^{-1} \nabla f_t(\boldsymbol{x}_t)$$

が成り立ちます．この式の両辺を 2η で割り，$t = 1, \ldots, T$ の範囲で足し合

わせると，

$$\sum_{t=1}^{T} \nabla f_t(\boldsymbol{x}_t)^\top (\boldsymbol{x}_t - \boldsymbol{x}^*)$$
$$\leq \frac{1}{2\eta}(\boldsymbol{x}_1 - \boldsymbol{x}^*)^\top A_1(\boldsymbol{x}_1 - \boldsymbol{x}^*) + \sum_{t=2}^{T} \frac{1}{2\eta}(\boldsymbol{x}_t - \boldsymbol{x}^*)^\top (A_t - A_{t-1})(\boldsymbol{x}_t - \boldsymbol{x}^*)$$
$$\quad - \frac{1}{2\eta}(\boldsymbol{x}_{T+1} - \boldsymbol{x}^*)^\top A_T(\boldsymbol{x}_{T+1} - \boldsymbol{x}^*) + \frac{\eta}{2} \sum_{t=1}^{T} \nabla f_t(\boldsymbol{x}_t)^\top A_t^{-1} \nabla f_t(\boldsymbol{x}_t)$$
$$= \frac{1}{2\eta} \sum_{t=1}^{T} (\boldsymbol{x}_t - \boldsymbol{x}^*)^\top \nabla f_t(\boldsymbol{x}_t) \nabla f_t(\boldsymbol{x}_t)^\top (\boldsymbol{x}_t - \boldsymbol{x}^*)$$
$$\quad - \frac{1}{2\eta}(\boldsymbol{x}_{T+1} - \boldsymbol{x}^*)^\top A_T(\boldsymbol{x}_{T+1} - \boldsymbol{x}^*) + \frac{1}{2\eta}(\boldsymbol{x}_1 - \boldsymbol{x}^*) A_0 (\boldsymbol{x}_1 - \boldsymbol{x}^*)$$
$$\quad + \frac{\eta}{2} \sum_{t=1}^{T} \nabla f_t(\boldsymbol{x}_t)^\top A_t^{-1} \nabla f_t(\boldsymbol{x}_t)$$
$$\leq \frac{1}{2\eta} \sum_{t=1}^{T} (\boldsymbol{x}_t - \boldsymbol{x}^*)^\top \nabla f_t(\boldsymbol{x}_t) \nabla f_t(\boldsymbol{x}_t)^\top (\boldsymbol{x}_t - \boldsymbol{x}^*)$$
$$\quad + \frac{1}{2\eta}(\boldsymbol{x}_1 - \boldsymbol{x}^*) A_0 (\boldsymbol{x}_1 - \boldsymbol{x}^*) + \frac{\eta}{2} \sum_{t=1}^{T} \nabla f_t(\boldsymbol{x}_t)^\top A_t^{-1} \nabla f_t(\boldsymbol{x}_t) \quad (2.13)$$

が成り立ちます．

さらに，式 (2.9) を $t = 1, \ldots, T$ の範囲で同様に足し合わせ，式 (2.13) を代入すると，$\eta = 1/\beta$ より，

$$\text{Regret}_{\text{ONS}}(T)$$
$$\leq \sum_{t=1}^{T} \left(\frac{1}{2\eta} - \frac{\beta}{2} \right) (\boldsymbol{x}_t - \boldsymbol{x}^*)^\top \nabla f_t(\boldsymbol{x}_t) \nabla f_t(\boldsymbol{x}_t)^\top (\boldsymbol{x}_t - \boldsymbol{x}^*)$$
$$\quad + \frac{\eta}{2} \sum_{t=1}^{T} \nabla f_t(\boldsymbol{x}_t)^\top A_t^{-1} \nabla f_t(\boldsymbol{x}_t) + \frac{1}{2\eta}(\boldsymbol{x}_1 - \boldsymbol{x}^*) A_0 (\boldsymbol{x}_1 - \boldsymbol{x}^*)$$
$$\leq \frac{\eta}{2} \sum_{t=1}^{T} \nabla f_t(\boldsymbol{x}_t)^\top A_t^{-1} \nabla f_t(\boldsymbol{x}_t) + \frac{2\varepsilon}{\eta} D^2$$

が成り立ちます．ここで最後の不等式はコーシー・シュワルツの不等式（定理 A.1）を用いました． □

次に，後に使う技術的な命題を示します．

命題 2.18

半正定値行列 A, B が $A \succeq B$ を満たすとき，

$$A^{-1} \bullet (A - B) \leq \ln \frac{|A|}{|B|}$$

が成り立ちます[*5]．ただし，$|A|, |B|$ はそれぞれ A, B の行列式とします．

証明．

半正定値行列 X の固有値を $\lambda_1(X), \ldots, \lambda_n(X)$ とおきます．このとき，

$$\begin{aligned}
A^{-1} \bullet (A - B) &= \mathbf{Tr}(A^{-1}(A - B)) \\
&= \mathbf{Tr}(I_n - A^{-1}B) \\
&= \mathbf{Tr}(I_n - A^{-1/2}A^{-1/2}B) \\
&= \mathbf{Tr}(I_n) - \mathbf{Tr}(A^{-1/2}BA^{-1/2}) \\
&\qquad (\mathbf{Tr}(XY) = \mathbf{Tr}(YX) \text{ より}) \\
&= \sum_{i=1}^{n} (1 - \lambda_i(A^{-1/2}BA^{-1/2})) \\
&\qquad (\mathbf{Tr}(A) = \sum_{i=1}^{n} \lambda_i(A) \text{ より}) \\
&\leq \sum_{i=1}^{n} -\ln(\lambda_i(A^{-1/2}BA^{-1/2})) \\
&\qquad (1 - x \leq -\ln x \text{ より})
\end{aligned}$$

[*5] 行列 $A, B \in \mathbb{R}^{n \times n}$ に対して，$A \bullet B = \sum_{i=1}^{n} \sum_{j=1}^{n} A_{ij} B_{ij}$ と表記します．

$$= -\ln\left(\prod_{i=1}^{n} \lambda_i(A^{-1/2}BA^{-1/2})\right)$$

$$= -\ln|A^{-1/2}BA^{-1/2}| = -\ln(|A^{-1}||B|) = \ln\frac{|A|}{|B|}$$

が成り立ちます. □

ようやく ONS のリグレット上界を求める準備が整いました.

> **定理 2.19（ONS のリグレット上界）**
>
> 事例空間 $\mathcal{X}$ の任意の事例 $\boldsymbol{x}$ が $\|\boldsymbol{x}\|_2 \leq D$ を満たし，損失関数 $f_t(\boldsymbol{x})$ が α-exp 凹 かつ $\|\nabla f_t(\boldsymbol{x}_t)\| \leq G$ $(t=1,\ldots,T)$ が成り立つとします．このとき，$\eta = 1/\min\{1/16GD, \alpha/2\}$, $\varepsilon = \eta^2/D^2$ とおくと ONS のリグレットは
>
> $$\mathrm{Regret}_{\mathrm{ONS}}(T) = O\left(n\left(\frac{1}{\alpha} + GD\right)\ln T\right)$$
>
> を満たします.

証明.

まず，

$$\nabla f_t(\boldsymbol{x}_t)^\top A_t^{-1} \nabla f_t(\boldsymbol{x}_t) = \mathbf{Tr}(\nabla f_t(\boldsymbol{x}_t)^\top A_t^{-1} \nabla f_t(\boldsymbol{x}_t))$$
$$= \mathbf{Tr}(A_t^{-1} \nabla f_t(\boldsymbol{x}_t) \nabla f_t(\boldsymbol{x}_t)^\top)$$
$$= \mathbf{Tr}(A_t^{-1}(A_t - A_{t-1}))$$

が成り立つことから，命題 2.18 より

$$\nabla f_t(\boldsymbol{x}_t)^\top A_t^{-1} \nabla f_t(\boldsymbol{x}_t) \leq \ln\frac{|A_t|}{|A_{t-1}|} \tag{2.14}$$

が成り立ちます．式 (2.14) を $t=1,\ldots,T$ まで足し合わせることにより

$$\sum_{t=1}^{T} \nabla f_t(\boldsymbol{x}_t) A_t^{-1} f_t(\boldsymbol{x}_t) \leq \sum_{t=1}^{T} \ln \frac{|A_t|}{|A_{t-1}|}$$

$$= \ln \prod_{t=1}^{T} \frac{|A_t|}{|A_{t-1}|}$$

$$= \ln \frac{|A_T|}{|A_0|}$$

がいえます.A_T の最大固有値を λ_1,対応する固有ベクトルを $\boldsymbol{v}$ とおくと,$\boldsymbol{v}^\top A_T \boldsymbol{v} = \boldsymbol{v}^\top \lambda_1 \boldsymbol{v} = \lambda_1$ が成り立ちます.一方,

$$\lambda_1 = \boldsymbol{v}^\top A_T \boldsymbol{v} \leq \sup_{\boldsymbol{x}:\|\boldsymbol{x}\|=1} \boldsymbol{x}^\top A_T \boldsymbol{x}$$

$$= \varepsilon \|\boldsymbol{x}\|_2^2 + \sum_{t=1}^{T} (\nabla f_t(\boldsymbol{x}_t)^\top \boldsymbol{x})^2$$

$$\leq \varepsilon + \sum_{t=1}^{T} \|\nabla f_t(\boldsymbol{x}_t)\|_2^2 = \varepsilon + TG^2.$$

が成り立ちます.よって,$|A_T| = \prod_{i=1}^{n} \lambda_i \leq \lambda_1^n \leq (\varepsilon + TG^2)^n$ がいえます.以上から,

$$\ln \frac{|A_T|}{|A_0|} \leq \ln \frac{(TG^2 + \varepsilon)^n}{\varepsilon^n} = n \ln \left(1 + \frac{TG^2}{\varepsilon}\right)$$

が成り立ちます.よって,$\varepsilon = \eta^2/D^2$ より,ONS のリグレットは

$$\mathrm{Regret}_{\mathrm{ONS}}(T) \leq \frac{2}{\eta} \varepsilon D^2 + \frac{\eta n}{2} \ln \left(1 + \frac{TG^2}{\varepsilon}\right)$$

$$= \frac{\eta}{2} \left(4 + n \ln \left(4 + \frac{TG^2 D^2}{\eta^2}\right)\right)$$

となります.ここで,$\eta = 1/\min\{1/16GD, \alpha/2\} \leq 16GD + 2/\alpha$ より,

$$\mathrm{Regret}_{\mathrm{ONS}}(T) = O\left(n \left(\frac{1}{\alpha} + GD\right) \ln T\right)$$

が成り立ちます. □

2.4.2 Follow The Approximate Leader (FTAL) 戦略

次に，前項で述べたオンラインニュートン法とほぼ同等なリグレットをもつ，FTL 戦略とよく似た手法を紹介します．この手法は損失関数が exp 凹な場合において，それらの強 2 次近似に対して FTL 戦略を適用するというもので，**Follow The Approximate Leader(FTAL) 戦略**と呼ばれます．

アルゴリズム 2.7　Follow The Approximate Leader (FTAL) 戦略

パラメータ：$\beta > 0$
初期化：$\bm{x}_1 = \bm{y}_1 = \bm{0}$
各試行 $t = 1, \ldots, T$ において，以下が行われる．

1. $\bm{x}_t$ を提示する．
2. 損失関数 f_t を受け取り，損失 $f_t(\bm{x}_t)$ を被る．
3. f_t の β-強 2 次近似 g_t を構成：

$$g_t(\bm{x}) = f_t(\bm{x}_t) + \nabla f_t(\bm{x}_t)^\top (\bm{x} - \bm{x}_t)$$
$$+ \frac{\beta}{2}(\bm{x} - \bm{x}_t)^\top \nabla f_t(\bm{x}_t) \nabla f_t(\bm{x}_t)^\top (\bm{x}_t - \bm{x}).$$

4. $\bm{x}_{t+1} = \arg\min_{\bm{x} \in \mathcal{X}} \sum_{\tau=1}^{t} g_\tau(\bm{x})$.

定理 2.20（FTAL 戦略のリグレット上界）

事例空間 $\mathcal{X}$ の任意の事例 $\bm{x}$ が $\|\bm{x}\|_2 \leq D$ を満たし，損失関数 $f_t(\bm{x})$ が α-exp 凹 かつ $\|\nabla f_t(\bm{x}_t)\|_2 \leq G$ $(t = 1, \ldots, T)$ が成り立つとします．このとき，$\beta = \min\{1/16GD, \alpha/2\}$ とおくと，FTAL 戦略のリグレットは

$$\mathrm{Regret}_{\mathrm{FTAL}} = O\left(n\left(\frac{1}{\alpha} + GD\right) \ln T\right)$$

を満たします．

2.4 オンラインニュートン法と Follow The Approximate Leader 戦略

証明.
$A'_t = \sum_{\tau=1}^{t} \nabla f_t(\boldsymbol{x}_t)\nabla f_t(\boldsymbol{x}_t)^\top$, $A_t = A'_t + \varepsilon I_n$ とおきます. ここで, ε は正の定数で後で値を指定します. また,

$$\Phi_t(\boldsymbol{x}) = \sum_{\tau=1}^{t} g_t(\boldsymbol{x})$$

と定義します. このとき, FTAL 戦略の更新式より,

$$\boldsymbol{x}_t = \arg\min_{\boldsymbol{x} \in \mathcal{X}} \Phi_{t-1}(\boldsymbol{x})$$

となります. すると,

$$\Phi_t(\boldsymbol{x}_{t+1}) - \Phi_{t-1}(\boldsymbol{x}_t)$$
$$= g_t(\boldsymbol{x}_{t+1}) + \Phi_{t-1}(\boldsymbol{x}_{t+1}) - \Phi_{t-1}(\boldsymbol{x}_t)$$
$$\geq g_t(\boldsymbol{x}_{t+1}) + \Phi_{t-1}(\boldsymbol{x}_{t+1}) - \Phi_{t-1}(\boldsymbol{x}_t) - \nabla\Phi_{t-1}(\boldsymbol{x}_t)^\top(\boldsymbol{x}_{t+1} - \boldsymbol{x}_t)$$
$$\qquad (\nabla\Phi_{t-1}(\boldsymbol{x}_t)^\top(\boldsymbol{x}_{t+1} - \boldsymbol{x}_t) \geq 0 \text{ より})$$
$$= g_t(\boldsymbol{x}_{t+1}) + D_{\Phi_{t-1}}(\boldsymbol{x}_{t+1}, \boldsymbol{x}_t)$$
$$= g_t(\boldsymbol{x}_{t+1}) + \frac{\beta}{2}(\boldsymbol{x}_{t+1} - \boldsymbol{x}_t)^\top A'_{t-1}(\boldsymbol{x}_{t+1} - \boldsymbol{x}_t)$$
$$\qquad (\text{ブレグマン・ダイバージェンスの性質 (命題 2.9) より})$$
$$= f_t(\boldsymbol{x}_t) + \nabla f_t(\boldsymbol{x}_t)(\boldsymbol{x}_{t+1} - \boldsymbol{x}_t) + + \frac{\beta}{2}(\boldsymbol{x}_{t+1} - \boldsymbol{x}_t)^\top A'_t(\boldsymbol{x}_{t+1} - \boldsymbol{x}_t)$$
$$= f_t(\boldsymbol{x}_t) + \nabla f_t(\boldsymbol{x}_t)^\top(\boldsymbol{x}_{t+1} - \boldsymbol{x}_t) + + \frac{\beta}{2}(\boldsymbol{x}_{t+1} - \boldsymbol{x}_t)^\top A_t(\boldsymbol{x}_{t+1} - \boldsymbol{x}_t)$$
$$\qquad - \varepsilon\|\boldsymbol{x}_{t+1} - \boldsymbol{x}_t\|_2^2$$
$$\geq f_t(\boldsymbol{x}_t) - \varepsilon\|\boldsymbol{x}_{t+1} - \boldsymbol{x}_t\|_2^2$$
$$\qquad + \min_{\boldsymbol{x}\in\mathbb{R}^n} \nabla f_t(\boldsymbol{x}_t)^\top(\boldsymbol{x} - \boldsymbol{x}_t) + + \frac{\beta}{2}(\boldsymbol{x} - \boldsymbol{x}_t)^\top A_t(\boldsymbol{x} - \boldsymbol{x}_t)$$
$$= f_t(\boldsymbol{x}_t) - \varepsilon\|\boldsymbol{x}_{t+1} - \boldsymbol{x}_t\|_2^2 - \frac{1}{2\beta}\nabla f_t(\boldsymbol{x}_t)^\top A_t^{-1}\nabla f_t(\boldsymbol{x}_t)$$

が成り立ちます. この不等式を $t = 1, \ldots, T$ の範囲で足し合わせ, 整理すると,

$$\sum_{t=1}^{T} f_t(\boldsymbol{x}_t) \leq \Phi_{T+1}(\boldsymbol{x}_{T+1}) - \Phi_0(\boldsymbol{x}_1) + \frac{1}{2\beta}\sum_{t=1}^{T} \nabla f_t(\boldsymbol{x}_t)^\top A_t^{-1} \nabla f_t(\boldsymbol{x}_t)$$
$$+ \varepsilon \sum_{t=1}^{T} \|\boldsymbol{x}_{t+1} - \boldsymbol{x}_t\|_2^2$$
$$\leq \min_{\boldsymbol{x} \in \mathcal{X}} \left(\sum_{t=1}^{T} g_t(\boldsymbol{x}) \right) + \frac{1}{2\beta}\sum_{t=1}^{T} \nabla f_t(\boldsymbol{x}_t)^\top A_t^{-1} \nabla f_t(\boldsymbol{x}_t) + 4\varepsilon T D^2$$
$$\leq \min_{\boldsymbol{x} \in \mathcal{X}} \sum_{t=1}^{T} f_t(\boldsymbol{x}) + \frac{1}{2\beta}\sum_{t=1}^{T} \nabla f_t(\boldsymbol{x}_t)^\top A_t^{-1} \nabla f_t(\boldsymbol{x}_t) + 4\varepsilon T D^2$$

が成り立ちます．定理 2.19 と同様の議論により，

$$\sum_{t=1}^{T} \nabla f_t(\boldsymbol{x}_t)^\top A_t^{-1} \nabla f_t(\boldsymbol{x}_t) \leq n \ln\left(1 + \frac{TG^2}{\varepsilon}\right)$$

がいえます．ここで，$\varepsilon = 1/\beta D^2 T$ とおくと，FTAL 戦略 のリグレットは

$$\mathrm{Regret}_{\mathrm{FTAL}}(T) \leq \frac{2}{\beta} + \frac{n}{2\beta} \ln\left(1 + \frac{TG^2}{\varepsilon}\right)$$
$$= \frac{1}{2\beta}\left(4 + n\ln\left(1 + T^2 G^2 D^2 \beta^2\right)\right)$$

となります．さらに，$\beta = \min\{1/16GD, \alpha/2\}$，$1/\beta \leq 16GD + 2/\alpha$ より，

$$\mathrm{Regret}_{\mathrm{FTAL}}(T) = O\left(n\left(\frac{1}{\alpha} + GD\right)\ln T\right)$$

が成り立ちます． □

2.5 オフライン最適化への応用

本節では，オンライン凸最適化手法を用いたオフライン凸最適化について述べます．以下のようなオフライン凸最適化問題を考えます．

$$\min_{\boldsymbol{x} \in \mathcal{X}} f(\boldsymbol{x}),$$

ここで，$\mathcal{X}$ は凸閉集合，f は凸関数とします．この問題をオンライン凸最適

化手法を使って近似的に解く方法を述べます．仮に，A というオンライン凸最適化手法があったとし，A のリグレットが $\mathrm{Regret}_A(T)$ で与えられたとします．また，$\boldsymbol{x}^* = \arg\min_{\boldsymbol{x} \in \mathcal{X}} f(\boldsymbol{x})$ を最適解とします．

オンライン凸最適化問題のプロトコルにおいて，各試行 $t = 1, \ldots, T$ について敵対者が $f_t = f$ となるように損失関数を選んだとしましょう．そして，アルゴリズム A の意思決定を $\boldsymbol{x}_t \in \mathcal{X}$ とし，それらの平均を

$$\bar{\boldsymbol{x}} = \frac{1}{T} \sum_{t=1}^{T} \boldsymbol{x}_t$$

とします．すると，

$$\frac{1}{T} \mathrm{Regret}_A(T) = \frac{1}{T} \sum_{t=1}^{T} f_t(\boldsymbol{x}_t) - \frac{1}{T} \sum_{t=1}^{T} f_t(\boldsymbol{x}^*)$$
$$= \frac{1}{T} \sum_{t=1}^{T} f(\boldsymbol{x}_t) - f(\boldsymbol{x}^*)$$

が成り立ちます．また，イェンゼンの不等式（定理 A.3）より，

$$f(\bar{\boldsymbol{x}}) \leq \frac{1}{T} \sum_{t=1}^{T} f(\boldsymbol{x}_t)$$

となります．以上をまとめると，

$$f(\bar{\boldsymbol{x}}) - f(\boldsymbol{x}^*) \leq \frac{1}{T} \mathrm{Regret}_A(T)$$

が成り立ちます．もし $\mathrm{Regret}_A(T) = o(T)$ の場合（たとえば $O(\sqrt{T})$），右辺は T を大きくするにつれて 0 に収束します．したがって，$\bar{\boldsymbol{x}}$ は最適解問題の近似解になるわけです．特に，f が強凸な場合には，近似解の誤差は

$$\frac{O(\ln T)}{T}$$

となり，より速く 0 に収束します．

次に，より特殊な最適化問題を考えてみましょう．

$$\min_{\boldsymbol{x} \in \mathcal{X}} f(\boldsymbol{x}) = \frac{1}{m} \sum_{i=1}^{m} \ell_i(\boldsymbol{x}) + R(\boldsymbol{x}),$$

ただし, ℓ_i $(i = 1, \ldots, m)$, R は凸関数とします. この問題は機械学習でよく用いられる問題群を一般化したものです. たとえば, $R(\boldsymbol{x}) = (\lambda/2)\|\boldsymbol{w}\|_2^2$, ℓ_i としてヒンジ損失関数を用いればサポートベクトルマシンの定式化になります (サポートベクトルマシンの詳細は文献 [43] を参照してください). また, ℓ_i としてロジスティック損失を用いれば, 2 ノルム正則化ロジスティック回帰問題となります.

冒頭に紹介した手法でも最適解を近似的に求めることは可能ですが, m が大きい場合, 関数値の計算や (劣) 微分の計算に m に比例した時間がかかります. 特に, m が数百万以上となるような大規模なデータ上での最適化において, すべての ℓ_i に対して計算を行うことはしばしば困難です.

そこで, 毎回ランダムに選んだ一部の関数だけを使って, オンライン凸最適化手法を適用することを考えます.

各 $i = 1, \ldots, m$ に対して, $f(\boldsymbol{x}; i) = \ell_i(\boldsymbol{x}) + R(\boldsymbol{x})$ とおきます. 今, 敵対者が各試行 $t = 1, \ldots, T$ において, 一様ランダムに $I_t \in \{1, \ldots, m\}$ を選び, $f_t(\boldsymbol{x}) = f(\boldsymbol{x}; I_t)$ を損失関数として, オンライン凸最適化手法 A に与えるとしましょう. なお, 簡単のため, A は決定性のアルゴリズム (つまり, 入力が与えられれば出力が一意に決まる) とします. このとき, A のリグレットの上界 $\mathrm{Regret}_A(T)$ と任意の $I_1, \ldots, I_T$ について, 定義から

$$\frac{1}{T}\sum_{t=1}^T f_t(\boldsymbol{x}_t) - \frac{1}{T}\sum_{t=1}^T f_t(\boldsymbol{x}^*) \leq \frac{1}{T}\mathrm{Regret}_A(T) \qquad (2.15)$$

が成り立ちます.

$f_t(\boldsymbol{x}^*)$ の I_t に対する期待値を評価します. I_t は $\{1, \ldots, m\}$ から一様ランダムに選ばれていることから,

$$\begin{aligned} E_{I_t}[f_t(\boldsymbol{x}^*)] &= E_{I_t}[f(\boldsymbol{x}^*; I_t)] \\ &= \sum_{i=1}^m \frac{1}{m}\left(\ell_i(\boldsymbol{x}^*) + R(\boldsymbol{x}^*)\right) \\ &= \frac{1}{m}\sum_{i=1}^m \ell_i(\boldsymbol{x}^*) + R(\boldsymbol{x}^*) = f(\boldsymbol{x}^*) \end{aligned}$$

が成り立ちます. つまり, $f_t(\boldsymbol{x}^*)$ の期待値は $f(\boldsymbol{x}^*)$ そのものになります. さ

2.5 オフライン最適化への応用　101

らに期待値の線形性より，

$$\frac{1}{T}E_{I_1,\ldots,I_T}\left[\sum_{t=1}^T f_t(\boldsymbol{x}^*)\right] = \frac{1}{T}\sum_{t=1}^T E_{I_t}[f_t(\boldsymbol{x}^*)] = f(\boldsymbol{x}^*) \quad (2.16)$$

となります．

次に，$f_t(\boldsymbol{x}_t)$ の $I_1,\ldots,I_t$ に対する期待値を評価します．ここで，$\boldsymbol{x}_t$ は $I_1,\ldots,I_{t-1}$ の結果に依存するため，確率変数です．しかし，$I_t,\ldots,I_T$ には依存しません．したがって，I_t に対しては定数とみなせます．よって，

$$E_{I_1,\ldots,I_t}[f_t(\boldsymbol{x}_t)] = E_{I_1,\ldots,I_t}[f(\boldsymbol{x}_t;I_t)]$$
$$= E_{I_1,\ldots,I_{t-1}}[f(\boldsymbol{x}_t)]$$

が成り立ちます．したがって，期待値の線形性から同様に，

$$\frac{1}{T}E_{I_1,\ldots,I_T}\left[\sum_{t=1}^T f_t(\boldsymbol{x}_t)\right] = \frac{1}{T}\sum_{t=1}^T E_{I_1,\ldots,I_{t-1}}[f(\boldsymbol{x}_t)]$$
$$= \frac{1}{T}E_{I_1,\ldots,I_T}\left[\sum_{t=1}^T f(\boldsymbol{x}_t)\right] \quad (2.17)$$

が得られます．

よって式 (2.15) の左辺を $I_1,\ldots,I_T$ に関して期待値を考えると，式 (2.16)，(2.17) より，

$$E_{I_1,\ldots,I_T}\left[\frac{1}{T}\sum_{t=1}^T f(\boldsymbol{x}_t) - f(\boldsymbol{x}^*)\right] \leq \frac{1}{T}\mathrm{Regret}_A(T) \quad (2.18)$$

が成り立ちます．

イェンゼンの不等式（定理 A.3）および，式 (2.18) より

$$E_{I_1,\ldots,I_T}[f(\bar{\boldsymbol{x}}) - f(\boldsymbol{x}^*)] \leq E_{I_1,\ldots,I_T}\left[\frac{1}{T}\sum_{t=1}^T f(\boldsymbol{x}_t) - f(\boldsymbol{x}^*)\right]$$
$$\leq \frac{1}{T}\mathrm{Regret}_A(T)$$

が得られます．したがって，各試行ごとにランダムに ℓ_i を選んだ場合でも，$f(\bar{\boldsymbol{x}})$ の誤差の期待値はすべての ℓ_i を用いた場合と同じ速さで 0 に収束する

ことがわかります．この原理を活かしたアルゴリズムの 1 つがいわゆる**確率的勾配降下法 (Stochastic Gradient Descent, SGD)** です．確率的勾配降下法の詳細については，文献 [42] や，文献 [45] を参照してください．

2.6　文献ノート

オンライン凸最適化は 2000 年代に研究が始まりました．オンライン凸最適化の最初の論文は Zinkevich [52] によるもので，OGD の結果もこの論文によります．続いて，Hazan らにより ONS が提案され，損失関数が exp 凹関数の場合におけるリグレットが $O(\ln T)$ であることが示されました [20]．強凸関数に対する $O(\ln T)$ リグレット上界として Shalev-Shwartz [38]，Hazan ら [20] の結果が知られています．また，オンライン凸最適化手法を用いたオフライン最適化（特にサポートベクトルマシン）への応用として，Shalev-Shwartz らによる Pegasos [39,40] が知られています．

ブレグマン・ダイバージェンスを用いたオンライン予測手法の設計と解析は Kivinen と Warmuth によって見出されました [29]．特に，p ノルムに基づくブレグマン・ダイバージェンスを用いたオンライン予測手法の解析として，たとえば，Grove ら [16]，Gentile [15]，Ishibashi ら [24] などが挙げられます．

オンライン凸最適化のサーベイとして，Shai-Shwartz [37] によるもの，Bubeck [6] によるもの，Hazan [18] によるものが挙げられます．また，オンライン凸最適化の教科書として Hazan [19] によるものがあります．また，オンライン凸最適化の教科書ではありませんが，オンライン線形分類のサーベイに Kivinen のよるもの [27]，オンライン予測の教科書に Cesa-Bianchi と Lugosi [8] があります．

Chapter 3

ランダムネスに基づく
オンライン予測

本章では,ランダムネスを利用したオンライン予測手について述べます.

3.1 Follow the Perturbed Leader (FPL) 戦略

本章以前では,FTL 戦略,FTRL 戦略 といった貪欲戦略,正則化項つきの貪欲戦略の性質を議論してきました.リグレットの上界を保証するような戦略はほかにはないのでしょうか.

本章で紹介する Follow the Perturbed Learder (FPL) 戦略はこれまで述べてきた戦略とはまったく異なります.FPL は FTRL と同様 FTL の一種の拡張になっています.FTRL を考えるときには正則化項を用いましたが,FPL はその代わりにランダムなノイズを目的関数項に足し合わせて貪欲戦略を用いるという方法に基づいています.驚くべきことに,ランダムノイズを付加する FPL 戦略は正則化項を付加する FTRL 戦略と同様にリグレットの保証をもつことが知られています.

アルゴリズム 3.1 Follow the Perturbed Leader (FPL) 戦略

> パラメータ: $\eta > 0$
> 初期化: $\boldsymbol{x}_1 \in \mathcal{X}$ を任意に選ぶ．
> 各試行 $t = 1, \ldots, T$ において，以下が行われる．
>
> 1. $\boldsymbol{x}_t \in \mathcal{X}$ を提示する．
> 2. 線形な損失関数 $f_t(\boldsymbol{x}) = \boldsymbol{g}_t \cdot \boldsymbol{x}$ を受け取り，損失 $\boldsymbol{g}_t \cdot \boldsymbol{x}_t$ を被る．
> 3. $[0,1]^n$ 上の一様分布 U に従ってランダムなベクトル $\boldsymbol{r}_t \in [0,1]^n$ を選ぶ．
> 4.
> $$\boldsymbol{x}_{t+1} = \arg\min_{\boldsymbol{x} \in \mathcal{X}} \sum_{\tau=1}^{t} \boldsymbol{g}_\tau \cdot \boldsymbol{x} + \frac{1}{\eta} \boldsymbol{r}_t \cdot \boldsymbol{x}.$$

定理 3.1（FPL 戦略のリグレット上界）

任意の $\boldsymbol{x} \in \mathcal{X}$ について $\|\boldsymbol{x}\|_1 \leq D$, 各 $t = 1, \ldots, T$ について $\|\boldsymbol{g}_t\|_1 \leq G$, $|\boldsymbol{g}_t \cdot \boldsymbol{x}_t| \leq H$, が成り立つと仮定します．このとき，FPL のリグレットの期待値は

$$O(\sqrt{DGHT})$$

を満たします．

証明．

まず，解析を簡単にするために，「仮想的」な FPL 戦略 を考えます．仮想的な FPL 戦略では，各試行 t ごとにランダムベクトル $\boldsymbol{r}_t$ を生成するのではなく，試行がはじまる前に，1 度だけ $[0,1]^n$ 上の一様分布 U に従ってランダムなベクトル $\boldsymbol{r} \in [0,1]^n$ を選びます．そして，各試行 t においては $\boldsymbol{r}_t = \boldsymbol{r}$ とし，ランダムベクトル $\boldsymbol{r}$ を使いまわすと仮定します．ほかの動作

3.1 Follow the Perturbed Leader (FPL) 戦略

は FPL 戦略と同じとしましょう．このとき，期待値で見れば，もとの FPL 戦略も仮想的な FPL 戦略も出力する意思決定は同じです．したがって，以降では，仮想的な FPL 戦略の解析を行います．

$f_0(\boldsymbol{x}) = \boldsymbol{g}_0 \cdot \boldsymbol{x} = \frac{1}{\eta}\boldsymbol{r} \cdot \boldsymbol{x}$ とおきます．このとき，FPL 戦略 は 関数列 $f_0,\ldots,f_T$ に対する FTL 戦略とみなすことができます．したがって，FTL-BTL 補題（補題 2.2）より，任意の $\boldsymbol{x}^* \in \mathcal{X}$ に対して，

$$\sum_{t=0}^{T} \boldsymbol{g}_t \cdot (\boldsymbol{x}_t - \boldsymbol{x}^*) \leq \sum_{t=0}^{T} \boldsymbol{g}_t \cdot (\boldsymbol{x}_t - \boldsymbol{x}_{t+1})$$

が成り立ちます．これを変形すると，

$$\begin{aligned}
\sum_{t=1}^{T} \boldsymbol{g}_t \cdot (\boldsymbol{x}_t - \boldsymbol{x}^*) &\leq \sum_{t=1}^{T} \boldsymbol{g}_t \cdot (\boldsymbol{x}_t - \boldsymbol{x}_{t+1}) + \boldsymbol{g}_0 \cdot (\boldsymbol{x}^* - \boldsymbol{x}_1) \\
&= \sum_{t=1}^{T} \boldsymbol{g}_t \cdot (\boldsymbol{x}_t - \boldsymbol{x}_{t+1}) + \frac{1}{\eta}\boldsymbol{r} \cdot (\boldsymbol{x}^* - \boldsymbol{x}_1) \\
&\leq \sum_{t=1}^{T} \boldsymbol{g}_t \cdot (\boldsymbol{x}_t - \boldsymbol{x}_{t+1}) + \frac{1}{\eta}\|\boldsymbol{r}\|_\infty \|\boldsymbol{x}^* - \boldsymbol{x}_1\|_1 \\
&\quad \text{（ヘルダーの不等式（定理 A.2）より）} \\
&\leq \sum_{t=1}^{T} \boldsymbol{g}_t \cdot (\boldsymbol{x}_t - \boldsymbol{x}_{t+1}) + \frac{2}{\eta}D \quad (3.1)
\end{aligned}$$

が得られます．次に，式 (3.1) の右辺第 1 項 $\sum_{t=1}^{T} \boldsymbol{g}_t \cdot (\boldsymbol{x}_t - \boldsymbol{x}_{t+1})$ の期待値が $O(\eta GHT)$ となることを示します．

$$h_t(\boldsymbol{r}) = \arg\min_{\boldsymbol{x} \in \mathcal{X}} \sum_{\tau=1}^{t} \boldsymbol{g}_t \cdot \boldsymbol{x} + \frac{1}{\eta}\boldsymbol{r} \cdot \boldsymbol{x}$$

とおくと，$\boldsymbol{x}_t = h_{t-1}(\boldsymbol{r})$ と表せます．このとき，$\boldsymbol{y}_t = E[\boldsymbol{x}_t]$ とおくと，

$$E[\boldsymbol{g}_t \cdot (\boldsymbol{x}_t - \boldsymbol{x}_{t+1})] = \boldsymbol{g}_t \cdot (\boldsymbol{y}_t - \boldsymbol{y}_{t+1}) \quad \text{（期待値の線形性より）} \quad (3.2)$$

が成り立ちます．さらに，

$$\bm{y}_t - \bm{y}_{t+1} = \int_{\bm{r}\in\mathbb{R}^n} h_{t-1}(\bm{r})U(\bm{r})\mathrm{d}\bm{r} - \int_{\bm{r}\in\mathbb{R}^n} h_t(\bm{r}))U(\bm{r})\mathrm{d}\bm{r}$$

が成り立ちます．ここで，$h_t(\bm{r}) = h_{t-1}(\eta\bm{g}_t+\bm{r})$ と書けることから，式 (3.2) は以下のように変形できます：

$$\begin{aligned}
&\bm{g}_t \cdot \left(\int_{\bm{r}\in\mathbb{R}^n} h_{t-1}(\bm{r})U(\bm{r})\mathrm{d}\bm{r} - \int_{\bm{r}\in\mathbb{R}^n} h_t(\bm{r}))U(\bm{r})\mathrm{d}\bm{r}\right)\\
=&\bm{g}_t \cdot \left(\int_{\bm{r}\in\mathbb{R}^n} h_{t-1}(\bm{r})U(\bm{r})\mathrm{d}\bm{r} - \int_{\bm{s}\in\mathbb{R}^n} h_{t-1}(\bm{s}))U(-\eta\bm{g}_t+\bm{s})\mathrm{d}\bm{s}\right)\\
=&\bm{g}_t \cdot \int_{\bm{r}\in\mathbb{R}^n} h_{t-1}(\bm{r})(U(\bm{r}) - U(\bm{r}-\eta\bm{g}_t))\mathrm{d}\bm{r}\\
\leq& H \left|\int_{\bm{r}\in\mathbb{R}^n} |U(\bm{r}) - U(\bm{r}-\eta\bm{g}_t)|\mathrm{d}\bm{r}\right|.
\end{aligned} \tag{3.3}$$

最後の不等式は仮定 $\bm{g}_t \cdot h_{t-1}(\bm{r}) \leq H$ から成り立ちます．

ここで，式 (3.3) の絶対値が 0 より大きくなるならば，以下の事象（A と呼びます）が成り立ちます：

超立方体 $[0,1]^n$ 上の一様分布 U に従ってランダムに選ばれた $\bm{r}$ が $-\eta\bm{g}_t$ だけずれた超立方体 $-\eta\bm{g}_t + [0,1]^n$ に含まれません．

したがって，式 (3.3) は事象 A が起きる確率を用いて上から抑えることができます：

一様分布 U に関する確率を $\Pr_U$ と表すとき，

$$\begin{aligned}
\Pr_U\{\text{事象 } A \text{ が起きる }\} &= \Pr_U\{\bm{r} \notin -\eta\bm{g}_t + [0,1]^n\}\\
&= \Pr_U\{\exists i \in 1,\ldots,n, r_i \leq -\eta g_{t,i}\}\\
&\leq \sum_{i=1}^n \eta|g_{t,i}| = \eta\|\bm{g}_t\|_1\\
&\leq \eta G
\end{aligned} \tag{3.4}$$

が成り立ちます．

よって，式 (3.1), (3.2), (3.3), (3.4) よりリグレットの期待値の上界は

$$\eta GHT + \frac{2}{\eta}D$$

となります．$\eta = \sqrt{(D/GHT)}$ と設定することによりリグレットの期待値の上界は $O(\sqrt{DGHT})$ であることが示せました． □

敵対者の能力に関する仮定

ここで，敵対者の能力について補足します．まず，予測アルゴリズムは乱択アルゴリズムです．直観的にはサイコロを振ってその結果に応じて，決定的に動作するアルゴリズムと考えてよいと思います．よって，サイコロの結果と決定的なアルゴリズムそのものを知られてしまえば，その出力は一意に定まります．そこで，敵対者の能力については以下のように仮定します．

1. 敵対者は予測者のアルゴリズムについては知っていてもよい．
2. 敵対者は意思決定の前に，予測者のランダムネス（サイコロの目）は知らない．

これらの仮定は予測アルゴリズムが乱択アルゴリズムである場合によく用いられます．

もしも敵対者がより強い能力をもつ，たとえば，予測者のランダムネスについて前もって知っているとするとしましょう．すると敵対者の出力，つまり損失関数も予測者のランダムネスに依存する確率変数となります．一方，定理 3.1 においては，損失関数が予測者のランダムネスから独立であることが解析の肝になっています．したがって，定理，すなわちリグレット保証が成り立たなくなってしまうのです．

3.2 指数重み型 Follow The Perturbed Leader (FPL*) 戦略

次に，FPL 戦略の変更版である，**指数重み型 Follow The Perturbed Leader(FPL*) 戦略**について述べます．具体的には，FPL におけるランダムベクトルの分布を一様分布から指数分布に変更するだけで，ヘッジアルゴリズムと同様の振る舞いを示すことが知られています．

アルゴリズム 3.2 指数型 Follow The Perturbed Leader(FPL*) 戦略

> パラメータ: $\eta > 0$
> 初期化: $\boldsymbol{x}_1 \in \mathcal{X}$ を任意に選ぶ.
> 各試行 $t = 1, \ldots, T$ において，以下が行われる.
>
> 1. $\boldsymbol{x}_t \in \mathcal{X}$ を提示する.
> 2. 線形な損失関数 $f_t(\boldsymbol{x}) = \boldsymbol{g}_t \cdot \boldsymbol{x}$ を受け取り，損失 $\boldsymbol{g}_t \cdot \boldsymbol{x}_t$ を被る.
> 3. 各 $i = 1, \ldots, n$ について，平均 1 の指数分布に従って，ランダムに $r_{t,i} \sim e^{-x}$ を選ぶ.
> 4.
> $$\boldsymbol{x}_{t+1} = \arg\min_{\boldsymbol{x} \in \mathcal{X}} \sum_{\tau=1}^{t} \boldsymbol{g}_\tau \cdot \boldsymbol{x} + \frac{1}{\eta} \boldsymbol{r}_t \cdot \boldsymbol{x}.$$

定理 3.2（FPL*戦略のリグレット上界）

任意の $\boldsymbol{x} \in \mathcal{X}$ について $\|\boldsymbol{x}\|_1 \leq D$, 各 $t = 1, \ldots, T$ について $\|\boldsymbol{g}_t\|_1 \leq G$, $|\boldsymbol{g}_t \cdot \boldsymbol{x}_t| \leq H$ が成り立つと仮定します．また，$L^* = \min_{\boldsymbol{x}^* \in \mathcal{X}} \sum_{t=1}^{T} \boldsymbol{g}_t \cdot \boldsymbol{x}^*$ とおきます．このとき，FPL* の期待リグレット上界は

$$O\left(\eta G L^* + \frac{D \ln n}{\eta} + DG \ln n\right)$$

となり，$\eta = \min(1/G, \sqrt{D(\ln n + 1)/GL^*})$ のとき，期待リグレット上界は

$$O\left(\sqrt{DGL^* \ln n} + DG \ln n\right)$$

を満たします．

3.2 指数重み型 Follow The Perturbed Leader (FPL*) 戦略

証明.

基本的な証明の流れは FPL 戦略 (定理 3.1) と同じです. よって, 以降では, ランダムベクトルの生成は 1 度のみ, つまり $\boldsymbol{r}_t = \boldsymbol{r}$, ただし,

$$r_i \sim e^{-x}$$

と仮定します.

$f_0(\boldsymbol{x}) = \boldsymbol{g}_0 \cdot \boldsymbol{x} = \frac{1}{\eta}\boldsymbol{r} \cdot \boldsymbol{x}$ とおくと, FPL 戦略 と同様に, FPL* 戦略は関数列 $f_0, \ldots, f_T$ に対する FTL 戦略とみなせます. したがって, BTL 補題 (補題 2.1) より, 任意の $\boldsymbol{x}^* \in \mathcal{X}$ に対して,

$$\sum_{t=0}^{T} \boldsymbol{g}_t \cdot \boldsymbol{x}_{t+1} \leq \sum_{t=0}^{T} \boldsymbol{g}_t \cdot \boldsymbol{x}^*$$

が成り立ちます. 右辺を変形し,

$$\begin{aligned}
\sum_{t=0}^{T} \boldsymbol{g}_t \cdot \boldsymbol{x}_{t+1} &\leq \sum_{t=1}^{T} \boldsymbol{g}_t \cdot \boldsymbol{x}^* + \boldsymbol{g}_0 \cdot \boldsymbol{x}^* \\
&= \sum_{t=1}^{T} \boldsymbol{g}_t \cdot \boldsymbol{x}^* + \frac{1}{\eta}\boldsymbol{r} \cdot \boldsymbol{x}^* \\
&\leq \sum_{t=1}^{T} \boldsymbol{g}_t \cdot \boldsymbol{x}^* + \frac{1}{\eta}\|\boldsymbol{r}\|_\infty \|\boldsymbol{x}^*\|_1
\end{aligned} \quad (3.5)$$

(ヘルダーの不等式 (定理 A.2) より)

を得ます. まず, 式 (3.5) の右辺第 2 項 $\frac{1}{\eta}\|\boldsymbol{r}\|_\infty \|\boldsymbol{x}^*\|_1$ の期待値を評価します. 非負の確率変数 X の期待値 $E[x]$ は $E[X] = \int_0^\infty \Pr\{X > x\}\mathrm{d}x$ と表せることから

$$E[\|\boldsymbol{r}\|_\infty] = \int_0^\infty \Pr\{\max(r_1,\ldots,r_n) > x\}\mathrm{d}x$$

$$= \int_0^{\ln n} \Pr\{\max(r_1,\ldots,r_n) > x\}\mathrm{d}x$$

$$+ \int_{\ln n}^\infty \Pr\{\max(r_1,\ldots,r_n) > x\}\mathrm{d}x$$

$$\leq \int_0^{\ln n} \mathrm{d}x$$

$$+ \int_{\ln n}^\infty \Pr\{\max(r_1,\ldots,r_n) > x\}\mathrm{d}x \quad (確率は 1 以下より)$$

$$= \ln n + \int_{\ln n}^\infty \Pr\{\max(r_1,\ldots,r_n) > x\}\mathrm{d}x \tag{3.6}$$

が成り立ちます.ここで,式 (3.6) の右辺第 2 項は

$$\int_{\ln n}^\infty \Pr\{\max(r_1,\ldots,r_n) > x\}\mathrm{d}x$$

$$= \int_{\ln n}^\infty \Pr\{\exists i \in \{1,\ldots,n\} r_i > x\}\mathrm{d}x$$

$$\leq \int_{\ln n}^\infty \sum_{i=1}^n \Pr\{r_i > x\}\mathrm{d}x$$

$$= n \int_{\ln n}^\infty [-e^{-y}]_x^\infty \mathrm{d}x$$

$$= n[-e^{-x}]_{\ln n}^\infty = \frac{n}{n} = 1 \tag{3.7}$$

を満たします.よって,式 (3.6), (3.7) より,式 (3.5) の右辺第 2 項の期待値は

$$E\left[\frac{1}{\eta}\|\boldsymbol{r}\|_\infty \|\boldsymbol{x}^*\|_1\right] \leq \frac{D(\ln n + 1)}{\eta} \tag{3.8}$$

で抑えられます.

次に,

$$E\left[\sum_{t=0}^T \boldsymbol{g}_t \cdot \boldsymbol{x}_t\right] \leq e^{\eta G} E\left[\sum_{t=0}^T \boldsymbol{g}_t \cdot \boldsymbol{x}_{t+1}\right]$$

を示します.

$$h_t(\boldsymbol{r}) = \arg\min_{\boldsymbol{x}\in\mathcal{X}} \sum_{\tau=1}^{t} \boldsymbol{g}_t \cdot \boldsymbol{x} + \frac{1}{\eta}\boldsymbol{r}\cdot\boldsymbol{x}$$

とおくと，$\boldsymbol{x}_t = h_{t-1}(\boldsymbol{r})$ と表せます．このとき，$\boldsymbol{y}_t = E[\boldsymbol{x}_t]$ とおくと，期待値の線形性より，

$$E[\boldsymbol{g}_t \cdot \boldsymbol{x}_t] = \boldsymbol{g}_t \cdot \boldsymbol{y}_t$$

が成り立ちます．さらに，$\boldsymbol{x}_{t+1} = h_t(\boldsymbol{r}) = h_{t-1}(\eta \boldsymbol{g}_t + \boldsymbol{r})$ と表せることから，$\boldsymbol{s} = \eta \boldsymbol{g}_t + \boldsymbol{r}$ とすると，

$$\begin{aligned}
\boldsymbol{g}_t \cdot \boldsymbol{y}_t &= \boldsymbol{g}_t \cdot \left(\int_{\boldsymbol{r}} h_{t-1}(\boldsymbol{r})e^{-\|\boldsymbol{r}\|_1}d\boldsymbol{r}\right) \\
&= \boldsymbol{g}_t \cdot \left(\int_{\boldsymbol{r}} h_{t-1}(\boldsymbol{r})e^{-\|\boldsymbol{r}-\eta\boldsymbol{g}_t\|_1}e^{\|\boldsymbol{r}-\eta\boldsymbol{g}_t\|_1-\|\boldsymbol{r}\|_1}d\boldsymbol{r}\right) \\
&\leq \boldsymbol{g}_t \cdot \left(\int_{\boldsymbol{r}} h_{t-1}(\boldsymbol{r})e^{-\|\boldsymbol{r}-\eta\boldsymbol{g}_t\|_1}e^{\eta\|\boldsymbol{g}_t\|_1}d\boldsymbol{r}\right) \\
&\leq e^{\eta G}\boldsymbol{g}_t \cdot \left(\int_{\boldsymbol{s}} h_{t-1}(\boldsymbol{s}+\eta\boldsymbol{g}_t)e^{-\|\boldsymbol{s}\|_1}d\boldsymbol{s}\right) \\
&= e^{\eta G}\boldsymbol{g}_t \cdot \boldsymbol{y}_{t+1}
\end{aligned} \quad (3.9)$$

が成り立ちます．よって，式 (3.5), (3.8), (3.9) より，任意の $\boldsymbol{x}^* \in \mathcal{X}$ に対して

$$\begin{aligned}
E\left[\sum_{t=0}^{T} \boldsymbol{g}_t \cdot \boldsymbol{x}_t\right] &\leq e^{\eta G} E\left[\sum_{t=0}^{T} \boldsymbol{g}_t \cdot \boldsymbol{x}_{t+1}\right] \\
&\leq e^{\eta G}\left(\sum_{t=1}^{T} \boldsymbol{g}_t \cdot \boldsymbol{x}^* + \frac{D(\ln n + 1)}{\eta}\right)
\end{aligned} \quad (3.10)$$

が成り立ちます．$x \leq 1$ のとき $e^x \leq 1 + 2x$ が成り立つことから，式 (3.10) は，$\eta \leq 1/G$ のとき，$L^* = \min_{\boldsymbol{x}^*\in\mathcal{X}} \sum_{t=1}^{T} \boldsymbol{g}_t \cdot \boldsymbol{x}^*$ とおくと，

$$\begin{aligned}
E\left[\sum_{t=0}^{T} \boldsymbol{g}_t \cdot \boldsymbol{x}_t\right] &\leq (1+2\eta G)\left(L^* + \frac{D(\ln n + 1)}{\eta}\right) \\
&= L^* + 2\eta G L^* + \frac{D(\ln n + 1)}{\eta} + 2DG(\ln n + 1)
\end{aligned} \quad (3.11)$$

を満たします.式 (3.11) の左辺の $g_0 \cdot x_0$ を右辺に移項し,式 (3.8) と同様に上から抑えて整理すると,FPL*戦略 の期待リグレット上界は

$$2\eta G L^* + \frac{2D(\ln n + 1)}{\eta} + 2DG(\ln n + 1)$$

となります.最後に,$\eta = \min(1/G, \sqrt{D(\ln n + 1)/GL^*})$ とおくと,期待リグレット上界

$$4\sqrt{DGL^*(\ln n + 1)} + 2DG(\ln n + 1)$$

が示せます. □

--- **FPL(FPL*) 戦略の利点と欠点** ---

　FTRL 戦略に対する,FPL 戦略(FPL*戦略も同様)の利点の1つは計算効率です.一般に,決定空間 $\mathcal{X}$ は線形制約などで記述される凸集合であり,各試行ごとの FTRL 戦略の計算には凸集合上の凸最適化問題を解く必要があります.もっとも,例外として,これまで見てきたように,単純な決定空間と正則化項の場合には効率的に計算できる場合もあります.ただし,後の章で紹介する組合せ論的オンライン予測問題においては,決定空間は何らかの離散構造を表現するベクトルの集合であり,凸最適化は単純には扱えません.

　一方,各試行ごとの FPL 戦略を実行するには,決定空間上の線形最適化問題を解けばよいことがわかっています.特に,組合せ論的オンライン予測問題においては,離散構造のクラス(集合)に対する線形最適化問題を解けばよいことになります.たとえば,後述する最短経路問題は動的計画法で効率よく解くことができます.また,離散構造に限らず,多くの単純な凸集合(線形制約で記述されている場合など)に対しては線形最適化問題は凸最適化問題よりも高速に解けます.

　ただし,FPL 戦略もよいことずくめではありません.多くの場合,FPL 戦略のリグレット上界は FTRL 戦略のリグレット上界よりも若干劣ります.しかし,FPL 戦略はその計算効率性から近年でもさかんに研究が行われています.もしかすると,特定の決定空間に対しては,FTRL 戦略より優れたリグレット上界をもつ FPL 戦略(もしくはその改良版)が将来出てくるかもしれません.

3.3 FTRL 戦略との関連性

最後に, FPL 戦略と FTRL 戦略の関連性について触れたいと思います. 前節では, 指数分布に基づくランダムベクトルを用いた FPL*戦略がヘッジアルゴリズムとよく似たリグレット上界をもつことを示しました. 本節では, ランダムベクトルを生成する分布を**ガンベル分布 (Gumbel distribution)** にした場合にアルゴリズムの平均的な振る舞いが ヘッジアルゴリズムそのものに一致することを示します. この結果そのものは即有効なアルゴリズムを生み出すわけではありませんが, FPL 戦略, FTRL 戦略をより深く理解するための手がかりになるかもしれません.

本節では, エキスパートを用いたオンライン予測問題のみを考えます.

まず, ガンベル分布の定義を述べます.

> **定義 3.1（ガンベル分布）**
>
> パラメータ $\mu \in \mathbb{R}$, $\beta > 0$ の実数空間 $\mathbb{R}$ 上のガンベル分布とは, その累積密度関数 $F(x)$ が
> $$F(x) = \exp\left(-\exp\left(-\frac{x-\mu}{\beta}\right)\right)$$
> を満たすものをいいます. 特に, $\mu = 0, \beta = 1$ のとき, その累積密度関数 $F(x)$ は
> $$F(x) = \exp\left(-\exp\left(-x\right)\right)$$
> となります. 確率密度関数 $f(x)$ は $f(x) = \exp(-x - \exp(-x))$ となり, **標準ガンベル分布**と呼ばれます.

図 3.1 に標準ガンベル分布の確率密度関数を示します.

まず, 一様分布に従う確率変数から標準ガンベル分布に従う確率変数を生成する方法を以下に述べます.

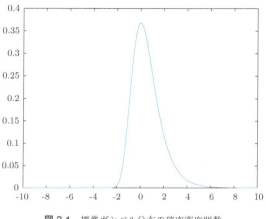

図 3.1 標準ガンベル分布の確率密度関数

> **補題 3.3**
>
> r を $[0,1]$ 上の一様分布からランダムに選ばれたベクトルとします．このとき，$s = -\ln\ln\frac{1}{r}$ は標準ガンベル分布に従います．

証明．

$$\begin{aligned}
\Pr\{s \leq x\} &= \Pr\left\{-\ln\ln\frac{1}{r} \leq x\right\} \\
&= \Pr\left\{\ln\ln\frac{1}{r} \geq -x\right\} \\
&= \Pr\left\{\frac{1}{r} \geq \exp(\exp(-x))\right\} \\
&= \Pr\{r \leq \exp(-\exp(-x))\} \\
&= \exp(-\exp(-x)).
\end{aligned}$$

□

同様にして，一様分布に従う確率変数から標準指数分布に従う確率変数も生成することができます．

3.3 FTRL 戦略との関連性

補題 3.4

r を $[0,1]$ 上の一様分布からランダムに選ばれたベクトルとします．このとき，$s = \ln \frac{1}{r}$ は標準指数分布に従います．

証明．

$$\Pr\left\{\ln \frac{1}{r} \leq x\right\} = \Pr\left\{\frac{1}{r} \leq \exp(x)\right\}$$
$$= \Pr\{r > \exp(-x)\}$$
$$= 1 - \exp(-x).$$

最後の式は標準指数分布の累積密度関数と一致します． □

では，ガンベル分布に基づく FPL 戦略とヘッジアルゴリズムの等価性を示します．

定理 3.5（FPL 戦略とヘッジアルゴリズムの等価性）

$q_1, \ldots, q_n$ を標準ガンベル分布に従う独立な確率変数とします．また，エキスパート問題において，各エキスパート $j = 1, \ldots, n$ の累積損失を L_j とします．このとき，エキスパート問題に対して，ガンベル分布に基づく FPL 戦略

$$i = \arg\min_{j=1,\ldots,n} L_j - \frac{1}{\eta} q_j$$

は乱択版のヘッジアルゴリズムの更新

$$i \sim \frac{e^{-\eta L_i}}{\sum_{j=1}^{n} e^{-\eta L_j}}.$$

と一致します．

証明．

$r_1, \ldots, r_n$ をそれぞれ $[0,1]$ 上の一様分布に従う独立な確率変数とします．

すると，補題 3.3 より，$q_j = -\ln\ln\frac{1}{r_j}$ $(j = 1, \ldots, n)$ とみなすことができます．ここで，$s_j = \ln(1/r_j)$ とおくと，$q_j = -\ln s_j$ $(j = 1, \ldots, n)$ と書けて，さらに補題 3.4 より s_j は標準指数分布に従います．したがって，標準ガンベル分布に基づく FPL 戦略は

$$i = \arg\min_{j=1,\ldots,n} L_j + \frac{1}{\eta}\ln s_j$$

と書けます．このとき，

$$\begin{aligned}
&\Pr\left\{i = \arg\min_{j=1,\ldots,n} \eta L_j + \ln s_j\right\} \\
&= \Pr\left\{i = \arg\max_{j=1,\ldots,n} \ln \frac{e^{-\eta L_j}}{s_j}\right\} \\
&= \Pr\left\{\forall j \neq i, \frac{e^{-\eta L_j}}{s_j} < \frac{e^{-\eta L_i}}{s_i}\right\} \\
&= \int_0^\infty \Pr\left\{\forall j \neq i, \frac{e^{-\eta L_j}}{s_j} < \frac{e^{-\eta L_i}}{s_i} \mid s_i = x\right\} \Pr\{s_i = x\} \mathrm{d}x \\
&= \int_0^\infty \Pr\left\{\forall j \neq i, s_j > \frac{e^{-\eta L_j}}{e^{-\eta L_i}} x\right\} e^{-x} \mathrm{d}x \\
&= \int_0^\infty \left(\prod_{j \neq i} \Pr\left\{s_j > \frac{e^{\eta L_j}}{e^{-\eta L_i}} x\right\}\right) e^{-x} \mathrm{d}x \\
&= \int_0^\infty \left(\prod_{j \neq i} \left[-e^{-y}\right]_{\frac{e^{\eta L_j}}{e^{-\eta L_i}} x}^{\infty}\right) e^{-x} \mathrm{d}x \\
&= \int_0^\infty \exp\left(-\frac{\sum_{j \neq i} e^{-\eta L_j}}{e^{-\eta L_i}} x\right) e^{-x} \mathrm{d}x \\
&= \left[-\frac{e^{-\eta L_i}}{\sum_{j=1}^n e^{-\eta L_j}} \exp\left(-\frac{\sum_{j=1}^n e^{-\eta L_j}}{e^{-\eta L_i}} x\right)\right]_0^\infty \\
&= \frac{e^{-\eta L_i}}{\sum_{j=1}^n e^{-\eta L_j}}
\end{aligned}$$

が成り立ちます． □

3.4 文献ノート

　FPL 戦略および FPL*戦略は Kalai と Vempala によって提案されました[26]．この論文が発表された当時は，ヘッジアルゴリズムなどの乗算型重み更新アルゴリズムの研究が主流であり，新たなパラダイムのオンライン予測の設計手法として大きな注目を浴びました．Kalai-Vempala 論文には BTL 補題（補題 2.1）など，後のオンライン凸最適化のツールとなる解析手法も含まれていました．もっとも，FPL 戦略のアイデア自体は非常に古く，源流は Hannan の古典的手法[17]にあります．

　FPL 戦略のリグレット評価の改良については，Neu と Baltók の論文[35]を参照してください．本章では説明の単純化のため，あえて古典的な解析手法を採用しました．FPL 戦略と FTRL 戦略の関連性の議論は Warmuth によります[49]．また，その議論の一般化として，FPL 戦略と FTRL 戦略の統合的解析が Abernethey らによりなされています[1]．彼らの解析の要点は，FPL 戦略を期待値の観点で見ると，FTRL 戦略風の解析ができるというものです．近年，FPL 戦略の亜種として，Random Walk Perturbation[11,12]，Drop OutPerturbation[46]が知られています．これらの手法は，新たな解析手法を提起しており，注目されています．

Chapter 4

組合せ論的オンライン予測

本章では,決定空間が何らかの組合せ集合や離散構造の集合である場合に効率的なオンライン予測手法について述べます.

4.1 組合せ論的オンライン予測とは

これまでは,エキスパートの集合や,凸集合上の連続ベクトルを予測とする問題を扱ってきました.本章では,何らかの組合せ集合,もしくは離散構造の集合を決定空間とするようなオンライン予測問題を扱います.

組合せ論的オンライン予測問題で扱う組合せ集合の例として以下が挙げられます.

エキスパート: 第 1 章で扱ったエキスパート問題も組合せ論的オンライン予測とみなせます.というのも,n 個の要素から 1 つを選択するという組合せ全体が決定空間だからです.集合の大きさは n です.

k-集合: k-集合とは n 個の要素から k 個選ぶ組合せ全体からなる集合です.複数の広告選択の問題は k-集合上のオンライン予測問題とみなせます.集合の大きさは $O(n^k)$ となります.

順列: n 個の要素の順列全体からなる集合です.順列は,ランキング問題,割り当て問題,スケジューリング問題におけるオンライン予測問題で用いられます.集合の大きさは $n! = \Omega((n/e)^n)$ となります.

パス: パス集合とは，固定のグラフと始点，終点が与えられたとき，始点から終点までのパスの集合全体です．オンライン最短経路問題で用いられます．集合の大きさは，一般にグラフの大きさに対して指数サイズとなります．

これらの組合せ集合はサイズが パラメータ n の多項式オーダーから，最悪で指数オーダーとなります．したがって，ナイーブに各組合せをエキスパートとみなしてヘッジアルゴリズムを適用すると最悪で各試行に指数時間の計算がかかることになります．そこで，組合せ論的オンライン予測問題では，指数的にサイズの大きい決定空間でも多項式時間で動作するオンライン予測アルゴリズムを設計することが重要となります．

まず，前提として，組合せ集合がベクトル集合で表現できると仮定します．すなわち，決定空間 $\mathcal{C}$ は n 次元ユークリッド空間の部分集合，$\mathcal{C} \subset \mathbb{R}^n$ とします．実際，前述の例でもベクトル集合で表現できます．$n=4$ の場合を示します．

エキスパート ($n=4$):

$$\mathcal{C} = \{(1,0,0,0), (0,1,0,0), (0,0,1,0), (0,0,0,1)\}.$$

k-集合 ($n=4$, $k=2$):

$$\mathcal{C} = \{(1,1,0,0), (1,0,1,0), (1,0,0,1), (0,1,1,0), (0,1,0,1), (0,0,1,1)\}.$$

順列 ($n=3$):

$$\mathcal{C} = \{(1,2,3), (1,3,2), (2,1,3), (2,3,1), (3,1,2), (3,2,1)\}.$$

順列（行列表現）:

$$\mathcal{C} = \left\{ \begin{pmatrix} 1 & 0 & 0 \\ 0 & 1 & 0 \\ 0 & 0 & 1 \end{pmatrix}, \begin{pmatrix} 1 & 0 & 0 \\ 0 & 0 & 1 \\ 0 & 1 & 0 \end{pmatrix}, \begin{pmatrix} 0 & 1 & 0 \\ 1 & 0 & 0 \\ 0 & 0 & 1 \end{pmatrix}, \begin{pmatrix} 0 & 1 & 0 \\ 0 & 0 & 1 \\ 1 & 0 & 0 \end{pmatrix}, \right.$$

$$\left. \begin{pmatrix} 0 & 0 & 1 \\ 0 & 1 & 0 \\ 1 & 0 & 0 \end{pmatrix}, \begin{pmatrix} 0 & 0 & 1 \\ 1 & 0 & 0 \\ 0 & 1 & 0 \end{pmatrix} \right\}.$$

パス: 図 4.1 の場合，始点から終点までのパスの集合 $\mathcal{C}$ は

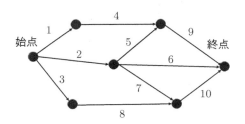

図 4.1 始点と終点が指定された有向グラフ

$$\mathcal{C} = \{(1,0,0,1,0,0,0,0,1,0), (0,1,0,0,1,0,0,0,1,0),$$
$$(0,1,0,0,0,1,0,0,0,0), (0,1,0,0,0,0,1,0,0,1),$$
$$(0,0,1,0,0,0,0,1,0,1)\}.$$

これらの例のように，組合せ集合をベクトル集合とみなすことにより，これまで扱ってきたオンライン凸最適化問題と同様に定式化できるわけです．より正確には，組合せ論的オンライン予測問題は以下のように定義できます．

組合せ論的オンライン予測問題

あらかじめ決定集合 $\mathcal{C} \subset \mathbb{R}^n$ が与えられたとする．各試行 $t = 1, \ldots, T$ において

1. プレイヤーは $\boldsymbol{c}_t \in \mathcal{C}$ を選ぶ．
2. 敵対者は $\boldsymbol{g}_t \in \mathbb{R}^n$ を選び，プレイヤーに与える．
3. プレイヤーは損失 $\boldsymbol{c}_t \cdot \boldsymbol{g}_t$ を被る．

本章では，簡単のために，オンライン線形最適化問題，すなわち損失関数が線形の場合のみを考えます．もちろん，第 2 章で紹介したオンライン凸最適化問題をオンライン線形最適化問題に帰着する手法を用いることで，損失関数が凸である場合も同様に扱うことができます．

次節以降では，組合せ集合に対する，効率的なオンライン予測手法のアプローチを紹介します．

4.2 サンプリングに基づくアプローチ

まず，サンプリングに基づくアプローチを述べます．基本的なアイデアは，第1章で扱ったヘッジアルゴリズムを，各離散構造をエキスパートとみなして実行するというものです．しかし，ナイーブにこのアイデアを実装すると，前述のように，各試行ごとに最悪で指数時間かかってしまいます．サンプリングに基づく手法では，組合せ集合 $\mathcal{C}$ をエキスパート集合とするヘッジアルゴリズムを多項式時間で模倣することを目標とします．第1章で述べたように，ヘッジアルゴリズムは指数的な重みに従ってエキスパートを乱択するアルゴリズムとみなすことができます．したがって，組合せ集合 $\mathcal{C}$ の各要素 $c \in \mathcal{C}$ を

$$\Pr\{c \text{ を選ぶ}\} \propto e^{-\eta(c \text{ の累積損失})}$$

を満たすように乱択すればよいわけです．もちろん，この乱択もナイーブに実装すれば最悪指数時間かかります．ところが，実は，いくつかの組合せ集合のクラスに対しては多項式時間で実現可能です．しかし，アルゴリズムに関する込み入った議論を扱うため，本書では詳細は省きます．代わりに，いくつか具体例のみ紹介します．

たとえば，パス集合に対しては多項式時間アルゴリズムが知られています[44]．また，k-集合に対してもあるグラフが存在してパスと1対1対応させることが可能なので，やはり多項式時間サンプリングが可能です．また，順列やグラフ上全域木なども近似的に多項式時間サンプリングが可能です[9]．

サンプリングの問題点は，多くの場合，多項式時間とはいえ計算量が大きいことです．たとえば，順列の場合，行列のパーマネント[*1]の近似計算を扱うため，計算時間が $\tilde{O}(n^{10})$[*2] となります[2,9]．また，もう1つの問題点として，離散構造，組合せ集合のクラスごとにサンプリング手法を設計しなけ

[*1] 正方行列 $A \in \mathbb{R}^{n \times n}$ のパーマネント $\mathrm{perm}(A)$ は，$\mathrm{perm}(A) = \sum_{\sigma \in S_n} \prod_{i=1}^{n} A_{i\sigma(i)}$．ただし S_n は $\{1,\ldots,n\}$ 上の置換の集合，と定義されます．行列式において符号を無視して和をとったものとみなせます．パーマネントの計算は #P-完全であることが知られており，多項式時間内に厳密に計算することは難しいと考えられてます[3]．

[*2] $\tilde{O}$ 表記は O 表記と同様に用いられますが，O 表記と異なり，対数の多項式を無視します．

ればならない点があります．

4.3 オフライン線形最適化に基づくアプローチ

次に，オフライン線形最適化アルゴリズムを用いるアプローチを示します．このアプローチは，組合せ集合 $\mathcal{C}$ 上のオフライン線形最適化手法を用いてオンライン予測問題を解くというものです．ここで，$\mathcal{C}$ 上のオフライン線形最適化アルゴリズムとは，損失ベクトル $g \in \mathbb{R}^n$ が入力として与えられたとき，

$$\arg\min_{c \in \mathcal{C}} c \cdot g$$

を返すアルゴリズムのことを指します．

では，図 4.3 に決定空間 $\mathcal{C}$ 上のオンライン予測アルゴリズムの概要を示します．各試行ごとに以下の動作を行います：(i) オンライン予測アルゴリズムは「仮想的な」損失ベクトルを構成し，$\mathcal{C}$ のオフライン最適化アルゴリズムに渡します．(ii) オフライン最適化アルゴリズムは「仮想的な」損失ベクトルに対する最適解を出力し，オンライン予測アルゴリズムに渡します．(iii) オンライン予測アルゴリズムは，受け取った最適解を敵対者に提示します．(iv) 敵対者は損失ベクトルをオンライン予測アルゴリズムに提示します．オンライン予測アルゴリズムは，仮想的な損失ベクトルを適切に設定することにより，リグレット最小化を目指します．

たとえば，第 3 章で述べた FPL 戦略をオンライン予測アルゴリズムとし，オフライン最適化アルゴリズムと組み合わせることにより，$O(\sqrt{T})$ のリグレット上界をもつオンライン予測手法が得られます．FPL の場合，仮想的な損失ベクトルを敵対者からの損失ベクトルにランダムなノイズを加えることにより構成しています．詳細は第 3 章で見た通りです．各試行ごとの計算時間は

$$O(n + (\text{オフライン最適化アルゴリズムの計算時間}))$$

となります．実際，いくつかの組合せ集合においては，オフライン最適化問題は多項式時間で解くことができるため，効率的といえます．

- パス集合の場合，動的計画法により，損失を最小化するパスを多項式時間

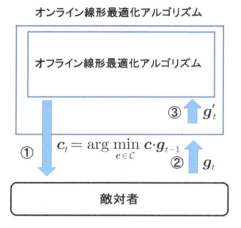

図 4.2 オフライン線形最適化に基づくアプローチ

で見つけることができます.
- また,順列ベクトルの集合の場合,損失ベクトル内の要素をソートし,小さい要素から,$n, n-1, n-2$ の順に n 個割り当てて順列を生成することにより,$O(n \log n)$ 時間で解くことができます.
- 同様に,k-集合の場合,損失ベクトル内の要素をソートし,小さい要素から k 個選んで,対応する要素を 1 とするベクトル選べばよいです.したがって,$O(n \log n)$ 時間で計算可能です.

オフライン最適化手法を用いたアプローチのメリットは,その計算効率性にあります.離散構造,組合せ集合上のオフライン最適化問題は,離散最適化の分野においてさかんに研究されており,多くの効率的な手法が知られています.また,サンプリングを用いたアプローチと異なり,既存の多くのオフライン手法が援用できるため,設計も容易といえます.ただし,デメリットとしては,リグレット評価,特に FPL 戦略のリグレット上界は最善とはいえない点が挙げられます.

4.4 連続緩和と離散化に基づくアプローチ

最後に，連続緩和と離散化に基づくアプローチを紹介します．このアプローチでは，問題を (i) いったん連続ベクトル空間の予測問題に帰着し（連続緩和），その後，(ii) 得られた連続ベクトルを，組合せを表現する離散ベクトルに丸める（ラウンディングを行う）ことで，離散ベクトルに変換します．

連続緩和 組合せ集合 $\mathcal{C}$ は一般に離散ベクトルの集合です．ここで，$\mathcal{C}$ の連続凸緩和とは，$\mathcal{C}$ を含むような連続な凸集合のことを指します．特に，最小の $\mathcal{C}$ の連続凸緩和は $\mathcal{C}$ の凸包 (**convex hull**)

$$\mathrm{conv}(\mathcal{C}) = \left\{ \sum_{\bm{c} \in \mathcal{C}} \alpha_{\bm{c}} \bm{c} \mid \forall \bm{c} \in \mathcal{C}, \alpha_{\bm{c}} \in [0,1], \sum_{\bm{c} \in \mathcal{C}} \alpha_{\bm{c}} = 1 \right\}$$

となります．本章では，連続緩和として，組合せ集合 $\mathcal{C}$ の凸包 $\mathrm{conv}(\mathcal{C})$ のみを考えます[*3]．

今，決定空間が $\mathrm{conv}(\mathcal{C})$ であるようなオンライン線形最適化手法があったとします（仮に A と呼ぶことにします）．たとえば，オンライン勾配降下法ヘッジアルゴリズムを用いるとリグレット $O(\sqrt{T})$ を得ることができます．しかし，このままでは，$\mathcal{C}$ 上の予測になっていません．そこで，次に説明する離散化のステップを行います．

離散化 各試行 t における A の意思決定 $\bm{x}_t \in \mathrm{conv}(\mathcal{C})$ は凸包の内点です．したがって，$\bm{x}_t$ はいくつかの端点（それぞれが離散構造に対応）$\bm{c}_1, \ldots, \bm{c}_K \in \mathcal{C}$ の凸結合

$$\bm{x}_t = \sum_{k=1}^{K} \alpha_k \bm{c}_k$$

で表現できます．ただし，$\alpha_k \in [0,1]$, $\sum_{k=1}^{K} \alpha_k = 1$ とします．この重み $\alpha_1, \ldots, \alpha_K$ に基づいてランダムに組合せ $\bm{c}$ を選んだとしましょう．つま

[*3] $\mathcal{C}$ 上のオフライン最適化が NP 困難でかつ多項式時間近似アルゴリズムのみが使える場合では，$\mathrm{conv}(\mathcal{C})$ よりも広い凸集合を扱うことがあります [14, 25]．

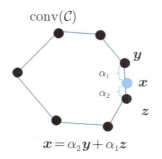

図 4.3 $x \in \mathrm{conv}(\mathcal{C})$ の端点分解

り，確率 α_k で $c_t = c_k$ を選択するわけです．このとき，ランダムな離散構造 c_t の期待ベクトルは

$$E[c_t] = \sum_{k=1}^{K} \Pr\{c = c_k\} c_k = \sum_{k=1}^{K} \alpha_k c_k = x_t$$

となり，もとの連続ベクトル x_t と一致します．つまり，期待値の意味では，ランダムに選ばれた離散構造 c_t は連続ベクトル x_t と同じ振る舞いを示します．

より形式的には，以下のような定義を考えます．

> **定義 4.1（端点分解 (decomposition)）**
>
> 凸包 $\mathrm{conv}(\mathcal{C})$ の内点 $x \in \mathrm{conv}(\mathcal{C})$ の端点分解とは，
>
> $$x = \sum_{k=1}^{K} \alpha_k c_k$$
>
> を満たす端点 $c_1, \ldots, c_K \in \mathcal{C}$ および凸結合の係数 $\alpha_1, \ldots, \alpha_K$ をいいます．また，以降では，端点分解を求める手続きを端点分解と呼ぶこともあります．

端点分解によって，内点 x はそもそもいくつの端点で表せるのでしょうか．この問いに対しては以下の**カラテオドリの定理 (Carathéodory's Theo-**

rem) が知られています．

> **定理 4.1（カラテオドリの定理）**
>
> 集合 $\mathcal{C} \subset \mathbb{R}^n$ の凸包 $\mathrm{conv}(\mathcal{C})$ から任意に $\boldsymbol{x} \in \mathrm{conv}(\mathcal{C})$ をとったとき，たかだか $n+1$ 個の点 $\boldsymbol{c}_1, \ldots, \boldsymbol{c}_{n+1} \in \mathcal{C}$ が存在して，
>
> $$\boldsymbol{x} = \sum_{k=1}^{n+1} \alpha_k \boldsymbol{c}_k$$
>
> が成り立ちます．

したがって，組合せ集合 $\mathcal{C}$ のサイズが指数的に大きくても，たかだか $n+1$ 個の端点の凸結合で表現可能であることがわかります．しかし，カラテオドリの定理は端点分解の存在を保証するだけであり，具体的な構成方法を与えるわけではありません．次節以降では，特定の組合せ集合のクラスに対する具体的な端点分解の方法を紹介します．

さて，線形最適化においては以下の性質が成り立ちます．

> **命題 4.2**
>
> 任意の $\boldsymbol{g} \in \mathbb{R}^n$ に対して，
>
> $$\min_{\boldsymbol{x} \in \mathrm{conv}(\mathcal{C})} \boldsymbol{x} \cdot \boldsymbol{g} = \min_{\boldsymbol{c} \in \mathcal{C}} \boldsymbol{c} \cdot \boldsymbol{g}$$
>
> が成り立ちます．

証明．

$\mathcal{C} \subset \mathrm{conv}(\mathcal{C})$ より，$\min_{\boldsymbol{x} \in \mathrm{conv}(\mathcal{C})} \boldsymbol{x} \cdot \boldsymbol{g} \leq \min_{\boldsymbol{c} \in \mathcal{C}} \boldsymbol{c} \cdot \boldsymbol{g}$．一方，$\boldsymbol{x}^* = \arg\min_{\boldsymbol{x} \in \mathrm{conv}(\mathcal{C})} \boldsymbol{x} \cdot \boldsymbol{g}$ とすると，$\boldsymbol{x}^*$ は凸包の内点なので，端点の凸結合 $\boldsymbol{x}^* = \sum_{k=1}^{K} \alpha_k \boldsymbol{c}_k$ $(\boldsymbol{c}_k \in \mathcal{C})$ と表せます．すると，$\boldsymbol{x}^* \cdot \boldsymbol{g} = \sum_{k=1}^{K} \alpha_k \boldsymbol{c}_k \geq \min_{k=1,\ldots,K} \boldsymbol{c}_k \cdot \boldsymbol{g} \geq \min_{\boldsymbol{c} \in \mathcal{C}} \boldsymbol{c} \cdot \boldsymbol{g}$． □

いいかえれば，$\mathrm{conv}(\mathcal{C})$ 上の線形最適化問題に対して，$\mathrm{conv}(\mathcal{C})$ の端点となるような最適解が必ず存在するということです．

以上を踏まえると，リグレットの期待値に関して，

$$E\left[\sum_{t=1}^{T} \boldsymbol{c}_t \cdot \boldsymbol{g}_t\right] - \min_{\boldsymbol{c} \in \mathcal{C}} \sum_{t=1}^{T} \boldsymbol{c} \cdot \boldsymbol{g}_t$$
$$= \sum_{t=1}^{T} E[\boldsymbol{c}_t] \cdot \boldsymbol{g}_t - \min_{\boldsymbol{c} \in \mathcal{C}} \sum_{t=1}^{T} \boldsymbol{c} \cdot \boldsymbol{g}_t$$
$$= \sum_{t=1}^{T} \boldsymbol{x}_t \cdot \boldsymbol{g}_t - \min_{\boldsymbol{c} \in \mathcal{C}} \sum_{t=1}^{T} \boldsymbol{c} \cdot \boldsymbol{g}_t$$
$$= \sum_{t=1}^{T} \boldsymbol{x}_t \cdot \boldsymbol{g}_t - \min_{\boldsymbol{x} \in \mathrm{conv}(\mathcal{C})} \sum_{t=1}^{T} \boldsymbol{x} \cdot \boldsymbol{g}_t$$
$$= \mathrm{conv}(\mathcal{C}) \text{ 上のオンライン予測アルゴリズム } A \text{ のリグレット}$$

という関係が成り立ちます．

以上から，$\mathrm{conv}(\mathcal{C})$ 上のオンライン線形最適化アルゴリズム A と端点分解を組み合わせれば，A のリグレットを保存したまま，組合せ集合 $\mathcal{C}$ 上のオンライン線形最適化アルゴリズムが構成できます．

しかし，これで十分ではありません．連続緩和は $\mathrm{conv}(\mathcal{C})$ 上に制限されていなければなりません．そこで必要になるのが次に述べる $\mathrm{conv}(\mathcal{C})$ への射影のステップです．

$\mathrm{conv}(\mathcal{C})$ への射影は以下のように定義できます．

定義 4.2（$\mathrm{conv}(\mathcal{C})$ に対するブレグマン射影）

凸関数 F に対するブレグマン・ダイバージェンス $D_F : \mathbb{R}^n \to \mathbb{R}$，および点 $\boldsymbol{x} \in \mathbb{R}^n$ が与えられたとき，$\boldsymbol{x}$ の $\mathrm{conv}(\mathcal{C})$ に対する射影とは

$$\arg\min_{\boldsymbol{y} \in \mathrm{conv}(\mathcal{C})} D_F(\boldsymbol{y}, \boldsymbol{x})$$

を指します．

射影の手続きそのものは，第 2 章で示した OGD や OMD などでも決定空間 $\mathcal{X}$ へのブレグマン射影という形で（半ば暗黙に）用いてきました．特に，

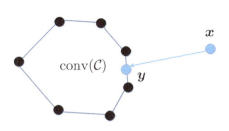

図 4.4 conv($\mathcal{C}$) に対する射影

連続緩和と離散化を用いるアプローチでは，決定空間が $\mathcal{X} = \mathrm{conv}(\mathcal{C})$ の場合におけるブレグマン射影を扱うことになります．射影を用いた場合のリグレットの証明は OGD, OMD などで扱ってきたので，本項では証明は省略します．

まとめ ここで，連続緩和と離散化に基づくアプローチをまとめておきましょう．このアプローチでは，以下のような流れで予測を行います．

1. 組合せ集合 $\mathcal{C}$ の凸包 $\mathrm{conv}(\mathcal{C})$ 上で，連続ベクトルのオンライン予測アルゴリズム（A とする）を用いる．また，決定空間を $\mathrm{conv}(\mathcal{C})$ 上に制限するためにブレグマン射影を用いる．
2. オンライン予測アルゴリズム A の出力した連続ベクトルから端点分解の手続きに基づいて（ランダムに）$\mathcal{C}$ 上の離散ベクトルを選び，意思決定とする．
3. 敵対者から損失ベクトルを受け取り，オンライン予測アルゴリズム A に渡す．A は意思決定を更新する．

このアプローチのメリットは連続ベクトルのオンライン予測手法のリグレットがそのまま引き継がれる点にあります．したがって，現状では，FPL 戦略を用いたアプローチよりもよいリグレット上界が得られます．また，サンプリングを用いたアプローチと同等のリグレット上界をもちますが，一般により効率的に計算可能です．

一方，デメリットとしては，オフライン最適化手法を用いたアプローチが線形最適化のみ扱っていたのに対して，このアプローチでは，一般に凸最適

化を解かなければなりません.しかし,組合せ集合によっては効率的に解ける場合もあります.

では,k-集合という具体的な組合せ集合に対して,射影と端点分解のアルゴリズムを紹介します.連続ベクトルのオンライン予測アルゴリズムとしては第 1 章で取り上げたヘッジアルゴリズムを用います.以降本節では $\mathcal{C} = \mathcal{C}_k$ は k-集合,すなわち,

$$\mathcal{C}_k = \left\{ \boldsymbol{c} \in \{0, 1/k\}^n \,\middle|\, \sum_{i=1}^n c_i = 1 \right\}$$

とおきます.ここで,技術的な理由により,$\mathcal{C} = \mathcal{C}'_k = \left\{ \boldsymbol{c} \in \{0, 1\}^n \,\middle|\, \sum_{i=1}^n c_i = k \right\}$ と定義せず,その各要素を $1/k$ 倍して得られる集合を k-集合としています.これは,もともとヘッジアルゴリズムが $P_n = \left\{ \boldsymbol{x} \in [0, 1]^n \,\middle|\, \sum_{i=1}^n x_i \right\}$ 上で定義されているため,$\mathrm{conv}(\mathcal{C}_k)$ を P_n 内に収まるよう正規化したことによります.$\mathcal{C}'_k$ を用いた場合のリグレットは $\mathcal{C}_k$ を用いた場合のリグレットの k 倍となるので,$\mathcal{C}_k$ に対するリグレット上界を導出すれば,$\mathcal{C}'_k$ のリグレット上界も得られます.

まず,$\mathcal{C}_k$ の凸包 $\mathrm{conv}(\mathcal{C}_k)$ の特徴づけを示します.

> **定理 4.3**($\mathrm{conv}(\mathcal{C}_k)$ **の特徴づけ**)
>
> k 集合 $\mathcal{C}_k$ の凸包 $\mathrm{conv}(\mathcal{C}_k)$ について
>
> $$\mathrm{conv}(\mathcal{C}_k) = \left\{ \boldsymbol{x} \in [0, 1/k]^n \,\middle|\, \sum_{i=1}^n x_i = 1 \right\}$$
>
> が成り立ちます.

片方の包含関係 $\mathrm{conv}(\mathcal{C}_k) \subset \left\{ \boldsymbol{x} \in [0, 1/k]^n \,\middle|\, \sum_{i=1}^n x_i = 1 \right\}$ は自明に成り立ちます.しかし,もう片方の包含関係は自明ではありません.実は,もう片方の証明は端点分解のアルゴリズムによって構成的に証明することができます.ですので,本節では,後に端点分解のアルゴリズムとその正当性を証明することとし,ここでは証明は省略します.

本節ではヘッジアルゴリズムを用いるため，射影に用いるダイバージェンスは KL ダイバージェンス D_KL を用います．よって，点 $\bm{x} \in P_n$ が与えられたとき，
$$\bm{y} = \arg\min_{\bm{y} \in \mathrm{conv}(\mathcal{C}_k)} D_\mathrm{KL}(\bm{y}, \bm{x})$$
を求める問題となります．

この問題に対するアルゴリズムをアルゴリズム 4.1 に示します．簡単のために入力 $\bm{x}$ は要素の大きい順にソートされていると仮定します（ソートは $O(n \log n)$ 時間で可能です）．

アルゴリズム 4.1 $\mathrm{conv}(\mathcal{C}_k)$ に対する KL ダイバージェンス射影を求める

入力：$\bm{x} \in P_n$, ただし $x_1 \geq x_2 \geq \cdots \geq x_n$.

1. もし $\max(\bm{x}) < 1/k$ ならば，$\bm{x}$ を出力し，終了．
2. $\bm{y} = \bm{x}$.
3. For $i = 1, \ldots$
   (a) もし $y_i > 1/k$, ならば (i) $y_i = 1/k$, (ii)
   $$y_j := y_j \frac{1 - \frac{i}{k}}{\sum_{j=i+1}^n y_j} \quad (j = i+1, \ldots, n).$$

では，アルゴリズム 4.1 の正当性と計算時間を示します．

定理 4.4（$\mathrm{conv}(\mathcal{C}_k)$ への射影）

アルゴリズム 4.1 を用いると $\mathrm{conv}(\mathcal{C}_k)$ への KL ダイバージェンス射影を $O(n^2)$ 時間で計算できます．

証明．
まず，ラグランジュ乗数法により，最適解の必要十分条件を求めます．解

きたい最適化問題は,

$$\min_{\boldsymbol{y} \in [0,1]^n} D_{KL}(\boldsymbol{y}, \boldsymbol{x})$$

$$\text{subject to} \quad y_i \leq \frac{1}{k} \quad (i=1,\ldots,n)$$

$$\sum_{i=1}^n y_i = 1.$$

と定式化できます.対応するラグランジュ関数は

$$L(\boldsymbol{y}, \boldsymbol{\beta}, \eta) = \sum_{i=1}^n y_i \ln \frac{y_i}{x_i} + \sum_{i=1}^n \beta_i \left(y_i - \frac{1}{k}\right)$$

となります.KKT条件(定理 A.5)より,$\boldsymbol{y}^*$ が最適解であるための必要十分条件は,ある $\boldsymbol{\beta}^* \geq \boldsymbol{0}, \eta^* \in \mathbb{R}^n$ が存在して

$$\frac{\partial L}{\partial y_i}(\boldsymbol{y}^*, \boldsymbol{\beta}^*, \eta^*) = 0 \quad (i=1,\ldots,n),$$

$$\sum_{i=1}^n y_i^* = 1,$$

$$\beta_i \left(\frac{1}{k} - y_i^*\right) = 0,$$

$$\frac{1}{k} - y_i^* \geq 0 \quad (i=1,\ldots,n)$$

を満たすことです.これらの条件を整理すると,必要十分条件は,ある $\boldsymbol{\beta}^* \geq \boldsymbol{0}, \eta^* \in \mathbb{R}^n$ が存在して

$$y_i^* = x_i \exp(-\beta_i^*) \exp(-\eta^*),$$

$$\sum_{i=1}^n y_i^* = 1$$

$$\beta_i \left(\frac{1}{k} - y_i^*\right) = 0,$$

$$\frac{1}{k} - y_i^* \geq 0 \quad (i=1,\ldots,n) \tag{4.1}$$

を満たすことです.

4.4 連続緩和と離散化に基づくアプローチ

$\boldsymbol{x}^{(j)}$ をアルゴリズムの j ステップ終了後における途中の解とします．特に，$\boldsymbol{x}^{(0)} = \boldsymbol{x}$, $\boldsymbol{x}^{(\ell)} = \boldsymbol{y}$ とします．このとき，射影アルゴリズムの解は

$$y_i = \begin{cases} \frac{1}{k} & i = 1, \ldots, \ell \\ x_i \prod_{j=1}^{\ell} \left(\frac{1 - \frac{j-1}{k}}{1 - \frac{j-1}{k} - x_j^{(j-1)}} \right) & i = \ell+1, \ldots, n \end{cases}$$

となります．射影アルゴリズムの定義より，$y_i \le 1/k$ $(i = \ell+1, \ldots, n)$ が成り立ちます．ここで，η を

$$e^{-\eta} = \prod_{j=1}^{\ell} \left(\frac{1 - \frac{j-1}{k}}{1 - \frac{j-1}{k} - x_j^{(j-1)}} \right)$$

とおきます．すると，

$$y_i = \frac{1}{k} \frac{x_i}{x_i} \frac{\prod_{j=1}^{i-1} \left(\frac{1 - \frac{j-1}{k}}{1 - \frac{j-1}{k} - x_j^{(j-1)}} \right)}{\prod_{j=1}^{i-1} \left(\frac{1 - \frac{j-1}{k}}{1 - \frac{j-1}{k} - x_j^{(j-1)}} \right)}$$

$$= x_i \frac{1}{k} \frac{\prod_{j=1}^{i-1} \left(\frac{1 - \frac{j-1}{k}}{1 - \frac{j-1}{k} - x_j^{(j-1)}} \right)}{x_i} \frac{1}{\prod_{j=1}^{i-1} \left(\frac{1 - \frac{j-1}{k}}{1 - \frac{j-1}{k} - x_j^{(j-1)}} \right)}$$

$$= x_i \frac{1}{k} \frac{\prod_{j=1}^{i-1} \left(\frac{1 - \frac{j-1}{k}}{1 - \frac{j-1}{k} - x_j^{(j-1)}} \right)}{x_i^{(i-1)}}$$

$$= x_i \underbrace{\frac{\frac{1}{k}}{x_i^{(i-1)}}}_{\le 1} \underbrace{\frac{1}{\prod_{j=i}^{\ell} \left(\frac{1 - \frac{j-1}{k}}{1 - \frac{j-1}{k} - x_j^{(j-1)}} \right)}}_{\le 1} e^{-\eta}$$

が成り立ちます．したがって，β_i を

$$e^{-\beta_i} = \frac{\frac{1}{k}}{x_i^{(i-1)}} \frac{1}{\prod_{j=i}^{\ell} \left(\frac{1 - \frac{j-1}{k}}{1 - \frac{j-1}{k} - x_j^{(j-1)}} \right)}$$

とおくと，$\beta_i \geq 0$ となり，y_i は最適解の条件 (4.1) を満たすことがわかります．また，各繰り返しにおいて $O(n)$ 時間かかるため，全体で $O(n^2)$ 時間で計算できます． □

次に，$\mathrm{conv}(\mathcal{C}_k)$ の端点分解のアルゴリズムを示します（アルゴリズム 4.2）．

アルゴリズム 4.2 $\mathrm{conv}(\mathcal{C}_k)$ 上の端点分解を求める

入力：$\boldsymbol{x} \in \mathrm{conv}(\mathcal{C}_k)$

1. $\boldsymbol{y} = \boldsymbol{x}, \ell = 1$.
2. While $\boldsymbol{y} \neq \boldsymbol{0}$
    (a) 以下のような $\boldsymbol{c}_\ell \in \mathcal{C}_k$ を選ぶ：(i) $y_i = 0$ ならば $c_{\ell,i} = 0$，かつ (ii) $y_i = \frac{1}{k}\|\boldsymbol{y}\|_1$ を満たすすべての i について $c_{\ell,i} = 1/k$
    (b) $m_\ell = \min_{i:c_{\ell,i}=1/k} y_i, \quad M_\ell = \max_{i:c_{\ell,i}=0} y_i$
    (c) $\alpha_\ell = \min\{km_\ell, \|\boldsymbol{y}\|_1 - kM_\ell\}$
    (d) $\boldsymbol{y} := \boldsymbol{y} - \alpha_\ell \boldsymbol{c}_\ell$
    (e) $\ell := \ell + 1$
3. $\boldsymbol{c}_1, \ldots, \boldsymbol{c}_\ell$，および，$\alpha_1, \ldots, \alpha_\ell$ を出力．

定理 4.5（$\mathrm{conv}(\mathcal{C}_k)$ 上の端点分解）

アルゴリズム 4.2 は $\boldsymbol{x} \in \mathrm{conv}(\mathcal{C}_k)$ の端点分解を $O(n^2)$ 時間で出力します．

証明．
$b(\boldsymbol{y})$ を $y_i = 0$ または $y_i = \frac{1}{k}\|\boldsymbol{y}\|_1$ となるような添字の個数とします．$B_k^n = \{\boldsymbol{y} \in [0,1]^n \mid y_i \leq \|\boldsymbol{y}\|_1/k\}$ とおきます．ステップ ℓ の更新前後において，$\boldsymbol{y}$ から $\bar{\boldsymbol{y}}$ に更新されたとします．

このとき，$\boldsymbol{y} \in B_k^n$ ならば，$\bar{\boldsymbol{y}} \in B_k^n$ かつ $b(\bar{\boldsymbol{y}}) > b(\boldsymbol{y})$ が成り立つことを

示します．まず，更新の定義から $\bar{\bm{y}} \geq \bm{0}$ が成り立ちます．一方，$c_{\ell,i} = 1/k$ を満たす i については，

$$\bar{y}_i = y_i - \frac{\alpha_\ell}{k} \leq \frac{\|\bm{y}\|_1}{k} - \frac{\alpha_\ell}{k} = \frac{\|\bar{\bm{y}}\|}{k}$$

$c_{\ell,i} = 0$ を満たす i については，

$$\bar{y}_i = y_i \leq M_\ell$$

かつ $\alpha_\ell \leq \|\bm{y}\| - kM_\ell$ より $M_\ell \leq \frac{\|\bm{y}\|_1 - \alpha_\ell}{k} \leq \frac{\|\bar{\bm{y}}\|}{k}$ が成り立つことから，$\bar{y}_i \leq \frac{\bar{\bm{y}}}{k}$ がいえます．よって $\bar{\bm{y}} \in B_k^n$ が成り立ちます．

アルゴリズムの開始時においては，$\bm{y} = \bm{x} \in B_k^n$ を満たすので，アルゴリズムの実行中において常に $\bm{y} \in B_k^n$ が成り立ちます．したがって，$\bm{y} \neq \bm{0}$ ならば，$\bm{y}$ は常に非ゼロ要素を k 個以上もつことがいえます．このことから，$\bm{y} \neq \bm{0}$ ならば，アルゴリズム 4.2 の 2. (a) において条件を満たす $\bm{c} \in \mathcal{C}_k$ が必ず存在することがわかります．

次に $b(\bar{\bm{y}}) > b(\bm{y})$ を示します．まず，$y_i = 0$ ならば，$\bar{y}_i = 0$，かつ $y_i = \frac{\|\bm{y}\|_1}{k}$ ならば $\bar{y}_i = y_i - \frac{\alpha_\ell}{k} = \frac{\|\bar{\bm{y}}\|_1}{k}$ となるため，$b(\bm{y})$ は単調非減少であることがわかります．さらに，以下が成り立ちます：

(i) ステップ ℓ において $\alpha_\ell = km_\ell$ が成り立つ場合，$i^* = \min\{i : c_{\ell,i} = 1/k\}$ に対して，$\bar{y}_{i^*} = 0$ となります．よって 0 が少なくとも 1 つ増加します．

(ii) ステップ ℓ において $\alpha_\ell = \|\bm{y}\|_1 - kM_\ell$ が成り立つ場合，$i^* = \max\{i : c_{\ell,i} = 0\}$ に対して，$\bar{y}_{i^*} = M_\ell = \frac{\|\bm{y}\|_1 - \alpha_\ell}{k} = \frac{\|\bar{\bm{y}}\|}{k}$，となり，$\frac{\|\bm{y}\|_1}{k}$ が少なくとも 1 つ増加します．以上から $b(\bar{\bm{y}}) > b(\bm{y})$ が成り立ちます．

したがって，たかだか n ステップ後に $b(\bm{y}) = n$ となります．このとき，ある $\bm{c} \in \mathcal{C}_k$ に対して $\bm{y} = \|\bm{y}\|_1 \bm{c}$ となるか，$\bm{y} = \bm{0}$ のどちらかが成立します．よって，さらにたかだか 1 ステップ後には $\bm{y} = \bm{0}$ となります．したがってたかだか $n+1$ ステップ後にアルゴリズムは終了します．

アルゴリズムが $\bm{c}_1, \ldots, \bm{c}_\ell, \alpha_1, \ldots, \alpha_\ell$ を出力したとすると，α_j の定義から $\alpha_j \geq 0$ $(j = 1, \ldots, \ell)$ がいえます．さらに，$\bm{x} = \sum_{j=1}^{\ell} \alpha_j \bm{c}_j$ より，$\|\bm{x}\|_1 = \sum_{j=1}^{\ell} \alpha_j \|\bm{c}_j\|_1$ が成り立ちます．また，$\|\bm{x}\|_1 = \|\bm{c}_1\|_1 = \cdots = \|\bm{c}_\ell\|_1 = 1$

より，$\sum_{j=1}^{\ell} \alpha_j = 1$ が得られます．したがって，出力が端点分解であることがわかります．

最後に，各繰り返しにおける計算時間は $O(n)$，またたかだか $n+1$ 回の繰り返ししかないことから，アルゴリズムの計算時間は $O(n^2)$ となります． □

4.5 文献ノート

KL ダイバージェンスのもとでの k-集合に対する射影と分解手法は Herbster と Warmuth の結果 [22]，および Warmuth と Kuzmin の結果 [50] によります．

サンプリングに基づく手法として，パス集合に対する Takimoto, Warmuth の結果 [44] が知られています．また，Cesa-Bianchi, Lugosi は様々な離散構造クラスに対する多項式時間サンプリング手法を提案しています [9]．

本章では割愛しましたが順列に対するオンライン予測手法として以下の結果が知られています．行列で表現された順列集合に対する，射影と端点分解を用いた手法として Helmbold と Warmuth によるもの [21] があります．順列ベクトルの場合，Yasutake らの射影・分解手法 [51] が挙げられます．また，順列ベクトルに対しては効率的なサンプリング手法 (Ailon, [2]) が存在します．

より一般的な離散構造のクラスに対しては，Koolen らの結果 [30] があります．また，k-集合，順列などいくつかの離散構造のクラスの凸包は（劣モジュラ）基多面体と呼ばれる特殊な多面体に対応しており，基多面体に対する射影・分解手法に Suehiro らの手法が知られています [41]．

オフライン手法を用いたアプローチの中には厳密な最適化手法だけではなく，近似アルゴリズムを用いた手法も知られています ([25], [14])．

Appendix A

付録A 数学的準備

A.1 内積,半正定値行列

ユークリッド空間 $\mathbb{R}^n$ の点 $x, y \in \mathbb{R}^n$ の内積 (inner product) は $x \cdot y = \sum_{i=1}^{n} x_i y_i$ で定義されます.また,内積を $a \cdot b = a^\top b$ と表記することもあります(ここで,$a^\top$ は a の転置行列を表します).

行列 $A \in \mathbb{R}^{n \times n}$ に対して,A のトレース (trace) を $\mathrm{Tr}(A) = \sum_{i=1}^{n} A_{ii}$ と表記します.

行列 $A \in \mathbb{R}^{n \times n}$ が半正定値行列 (positive semidefinite matrix) であるとは,任意のベクトル $x \in \mathbb{R}^n$ に対して

$$x^\top A x \geq 0$$

を満たすときをいい,$A \succeq 0$ と表記します.また,$A - B \succeq 0$ であるとき,$A \succeq B$ と表記します.

A.2 ノルム

> **定義 A.1（ノルム）**
>
> ユークリッド空間 $\mathbb{R}^n$ 上の関数 $\|\cdot\| : \mathbb{R}^n \to \mathbb{R}$ がノルム (norm) であるとは以下の性質を満たすときをいいます．
>
> 1. 任意の $\boldsymbol{x} \in \mathbb{R}^n$ に対して，$\|\boldsymbol{x}\| \geq 0$.
> 2. 任意の $\boldsymbol{x} \in \mathbb{R}^n, a \in \mathbb{R}$ に対して，$\|a\boldsymbol{x}\| = |a|\|\boldsymbol{x}\|$.
> 3. 任意の $\boldsymbol{x}, \boldsymbol{y} \in \mathbb{R}^n$ に対して，$\|\boldsymbol{x} + \boldsymbol{y}\| \leq \|\boldsymbol{x}\| + \|\boldsymbol{y}\|$.
> 4. $\|\boldsymbol{x}\| = 0 \iff \boldsymbol{x} = \boldsymbol{0}$.

以下にノルムの例を示します．

例 A.2.1 ノルムの例

2 ノルム
$$\|\boldsymbol{x}\|_2 = \sqrt{\sum_{i=1}^{n} x_i^2}.$$

1 ノルム
$$\|\boldsymbol{x}\|_1 = \sum_{i=1}^{n} |x_i|.$$

∞ ノルム
$$\|\boldsymbol{x}\|_\infty = \max_{i=1}^{n} |x_i|.$$

p ノルム $(p \geq 1)$
$$\|\boldsymbol{x}\|_p = \left(\sum_{i=1}^{n} |x_i|^p \right)^{\frac{1}{p}}.$$

マハラノビスノルム 半正定値行列 A に対するマハラノビスノルム (Maharanobis norm) は

$$\|\boldsymbol{x}\|_A = \sqrt{\boldsymbol{x}^\top A \boldsymbol{x}}$$

と定義されます.

> **定理 A.1**（コーシー・シュワルツの不等式）
>
> 任意のベクトル $\boldsymbol{x}, \boldsymbol{y} \in \mathbb{R}^n$ に対して,
>
> $$\boldsymbol{x} \cdot \boldsymbol{y} \leq \|\boldsymbol{x}\|_2 \|\boldsymbol{y}\|_2$$
>
> が成り立ちます. 等号が成立する必要十分条件は $\boldsymbol{x} = a\boldsymbol{y}$ (a はある実数) もしくは $\boldsymbol{x}, \boldsymbol{y}$ のいずれかが $\boldsymbol{0}$ です.

> **定理 A.2**（ヘルダーの不等式）
>
> $1/p + 1/q = 1$, $p, q \geq 1$ を満たす任意の実数 p, q, および任意のベクトル $\boldsymbol{x}, \boldsymbol{y} \in \mathbb{R}^n$ に対して,
>
> $$\boldsymbol{x} \cdot \boldsymbol{y} \leq \|\boldsymbol{x}\|_p \|\boldsymbol{y}\|_q.$$
>
> 等号が成立する必要十分条件は $\boldsymbol{x} = a\boldsymbol{y}$ (a はある実数) もしくは $\boldsymbol{x}, \boldsymbol{y}$ のいずれかが $\boldsymbol{0}$ です.

A.3 凸集合, 凸関数

集合 $\mathcal{X} \subset \mathbb{R}^n$ が**凸集合** (**convex set**) であるとは, 任意の2点 $\boldsymbol{x}, \boldsymbol{x}' \in \mathcal{X}$, 任意の実数 α ($0 \leq \alpha \leq 1$) について, $\alpha \boldsymbol{x} + (1-\alpha) \boldsymbol{x}' \in \mathcal{X}$ を満たすときをいいます. また, $\mathcal{X} \subset \mathbb{R}^n$ が**アフィン集合** (**affine set**) であるとは, 任意の2点 $\boldsymbol{x}, \boldsymbol{x}' \in \mathcal{X}$, 任意の実数 $\alpha \in \mathbb{R}$ について, $\alpha \boldsymbol{x} + (1-\alpha) \boldsymbol{x}' \in \mathcal{X}$ を満たすときをいいます.

点 $\boldsymbol{x}_1, \ldots, \boldsymbol{x}_K \in \mathbb{R}^n$ の**線形結合** (**linear combination**) とは, ある $\alpha_1, \ldots, \alpha_K \in \mathbb{R}$ に対して,

$$\alpha_1 \boldsymbol{x}_1 + \cdots + \alpha_K \boldsymbol{x}_K$$

と書けるものをいいます．さらに，係数 $\alpha_1, \ldots, \alpha_K$ が，$\alpha_k \in [0,1]$ ($k = 1, \ldots, K$) かつ $\sum_{k=1}^{K} \alpha_k = 1$ を満たすとき，線形結合は**凸結合** (**convex combination**) と呼ばれます．点集合 $\mathcal{A} = \{\boldsymbol{x}_1, \ldots, \boldsymbol{x}_K\}$ の凸包 $\mathrm{conv}(\mathcal{A})$ とは，$\mathcal{A}$ の点からなる凸結合の集合を指します．すなわち，

$$\mathrm{conv}(\mathcal{A}) = \left\{ \alpha_1 \boldsymbol{x}_1 + \cdots + \alpha_K \boldsymbol{x}_K \mid \boldsymbol{x}_i \in \mathcal{A}, \alpha_i \in [0,1], \sum_{k=1}^{K} \alpha_k = 1 \right\}.$$

関数 $f : \mathcal{X} \to \mathbb{R}$ が**凸関数** (**convex function**) であるとは任意の $\boldsymbol{x}, \boldsymbol{x}' \in \mathcal{X}$，任意の α ($0 \leq \alpha \leq 1$) に対して，

$$f(\alpha \boldsymbol{x} + (1-\alpha) \boldsymbol{x}') \leq \alpha f(\boldsymbol{x}) + (1-\alpha) f(\boldsymbol{x}')$$

凸関数の定義より，以下の定理が成り立ちます．

定理 A.3（イェンゼンの不等式）

$\mathcal{X} \subset \mathbb{R}^n$ を凸集合，$f : \mathcal{X} \to \mathbb{R}$ を凸関数とします．このとき，任意の点 $\boldsymbol{x}_1, \ldots, \boldsymbol{x}_m \in \mathcal{X}$ および任意の $\boldsymbol{p} \in [0,1]^m$, $\sum_{i=1}^{m} p_i = 1$ に対して，

$$f\left(\sum_{i=1}^{m} p_i \boldsymbol{x}_i\right) \leq \sum_{i=1}^{m} f(\boldsymbol{x}_i)$$

が成り立ちます．

補題 A.4（凸関数の最適解の性質）

f を凸集合 $\mathcal{X}$ 上の凸関数とします．$\boldsymbol{x}^* = \arg\min_{\boldsymbol{x} \in \mathcal{X}} f(\boldsymbol{x})$ とすると，任意の $\boldsymbol{x} \in \mathcal{X}$ に対して，

$$\nabla f(\boldsymbol{x}^*) \cdot (\boldsymbol{x} - \boldsymbol{x}^*) \geq 0$$

が成り立ちます．

> **定義 A.2（劣勾配）**
>
> $g \in \mathbb{R}^n$ が関数 $f : \mathcal{X} \to \mathbb{R}$ に対する点 $y \in \mathcal{X}$ における**劣勾配** (**subgradient**) であるとは，任意の点 u について
>
> $$f(u) \geq f(y) + g \cdot (u - y)$$
>
> を満たすことをいいます．また，点 y における f の勾配の集合を $\partial f(y)$ と表記します．

図 A.1 に劣勾配の例を示します．

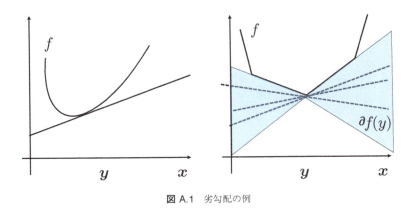

図 A.1　劣勾配の例

A.4 凸最適化

$\mathcal{X} \subset \mathbb{R}^n$ を凸集合とし，以下のような凸最適化問題を考えます：

$$\min_{x \in \mathcal{X}} \; f(x) \tag{A.1}$$
$$\text{subject to } \; g_i(x) \leq 0 \;\; (i = 1, \ldots, k)$$
$$h_j(x) = 0 \;\; (j = 1, \ldots, m)$$

ここで，$f : \mathcal{X} \to \mathbb{R}$, $g_i : \mathcal{X} \to \mathbb{R}$ $(i=1,\ldots,k)$ は微分可能な凸関数，$h_j : \mathcal{X} \to \mathbb{R}$ $(j=1,\ldots,m)$ は線形な関数とします．この問題に対する**ラグランジュ関数 (Lagrangian function)** L は

$$L(\boldsymbol{x}, \boldsymbol{\alpha}, \boldsymbol{\beta}) = f(\boldsymbol{x}) + \sum_{i=1}^{k} \alpha_i g_i(\boldsymbol{x}) + \sum_{j=1}^{m} h_j(\boldsymbol{x})$$

と定義されます．ただし，$\boldsymbol{\alpha} \geq \boldsymbol{0}$ とします．

凸最適化問題 (A.1) の最適解の特徴づけとしてカルシュ・クーン・タッカー (Karush-Kuhn-Tucker, KKT) 条件が知られています．

定理 A.5（KKT 条件）

凸最適化問題 (A.1) に対して，$\boldsymbol{x}^* \in \mathcal{X}$ が最適解であるための必要十分条件は，ある $\boldsymbol{\alpha}^* \in \mathbb{R}^k$, $\boldsymbol{\beta} \in \mathbb{R}^m$ が存在して次の式 (A.2)〜(A.6) を満たすことです．

$$\frac{\partial L(\boldsymbol{w}^*, \boldsymbol{\alpha}^*, \boldsymbol{\beta}^*)}{\partial \boldsymbol{w}} = \boldsymbol{0}, \tag{A.2}$$

$$\frac{\partial L(\boldsymbol{w}^*, \boldsymbol{\alpha}^* \boldsymbol{\beta}^*)}{\partial \boldsymbol{\beta}} = \boldsymbol{0}, \tag{A.3}$$

$$\alpha_i^* g_i(\boldsymbol{x}^*) = 0 \quad (i=1,\ldots,k) \tag{A.4}$$

$$g_i(\boldsymbol{x}^*) \leq 0 \quad (i=1,\ldots,k) \tag{A.5}$$

$$\alpha_i \geq 0 \quad (i=1,\ldots,k) \tag{A.6}$$

証明の詳細は，たとえば文献 [5] を参照してください．

A.5　確率に関する不等式

> **定理 A.6**（和事象の不等式）
>
> 任意の事象 A, B について
> $$\Pr\{A \vee B\} \leq \Pr\{A\} + \Pr\{B\}.$$
> が成り立ちます．

> **定理 A.7**（ヒンチン・カハネの不等式）
>
> $\boldsymbol{\sigma} \in \{-1, 1\}^n$ を各 σ_i を一様ランダムに ± 1 に設定して得られる確率変数とします．このとき，任意の $\boldsymbol{x} \in \mathbb{R}^n$ に対して，
> $$\frac{1}{2}\|\boldsymbol{x}\|_2^2 \leq (E[|\boldsymbol{\sigma} \cdot \boldsymbol{x}|])^2 \leq \|\boldsymbol{x}\|_2^2$$
> が成り立ちます．

証明は文献 [33] などにあります．

Bibliography

参考文献

[1] J. Abernethy, C. Lee, A. Sinha and A. Tewari. Online linear optimization via smoothing. In *Proceedings of the 27th Conference on Learning Theory (COLT 2014)*, Vol. 35 of *JMLR: Workshop and Conference Proceedings*, pp. 807–823, 2014.

[2] N. Ailon. Improved bounds for online learning over the permutahedron and other ranking polytopes. In *Proceedings of 17th International Conference on Artificial Intelligence and Statistics (AISTAT2014)*, pp. 29–37, 2014.

[3] S. Arora and B. Barak. *Computational Complexity: A Modern Approach.* Cambridge University Press, 2009.

[4] O. Bousquet and M. K. Warmuth. Tracking a Small Set of Experts by Mixing Past Posteriors. In *Journal of Machine Learning Research*, 3 pp. 363–396, 2002.

[5] S. Boyd and L. Vandenberghe. *Convex Optimization.* Cambridge University Press, 2004.

[6] S. Bubeck. Introduction to online optimization, 2011. http://research.microsoft.com/en-us/um/people/sebubeck/BubeckLectureNotes.pdf.

[7] N. Cesa-Bianchi, Y. Freund, D. Haussler, D. P. Helmbold, R. E. Schapire and M. K. Warmuth. How to use expert advice. In *Journal of the Association for Computing Machinery*, 44(3) pp. 427–485, 1997.

[8] N. Cesa-Bianchi and G. Lugosi. *Prediction, Learning, and Games.* Cambridge University Press, 2006.

[9] N. Cesa-Bianchi and G. Lugosi. Combinatorial bandits. In *Journal of Computer and System Sciences*, 78(5) pp. 1404–1422, 2012.

[10] T. M. Cover. Universal portfolios. In *Mathematical Finance*, 1(1) pp. 1–29, 1991.

[11] L. Devroye, G. Lugosi and G. Neu. Prediction by random-walk perturbation. In *Proceedings of the 26th Annual Conference on Learning Theory (COLT 2013)*, pp. 460–473, 2013.

[12] L. Devroye, G. Lugosi and G. Neu. Random-walk perturbations for online combinatorial optimization. In *IEEE Transactions on Information Theory*, 61(7) pp. 4099–4106, 2015.

[13] Y. Freund and R. E. Schapire. A Decision-Theoretic Generalization of On-Line Learning and an Application to Boosting. In *Journal of Computer and System Sciences*, 55(1) pp. 119–139, 1997.

[14] T. Fujita, K. Hatano and E. Takimoto. Combinatorial online prediction via metarounding. In *Proceedings of 24th Annual Conference on Algorithmic Learning Theory (ALT 2013)*, Vol. 8139 of *Lecture Notes in Computer Science*, pp. 68–82, 2013.

[15] C. Gentile. The robustness of the p-norm algorithms. In *Machine Learning*, 53(3) pp. 265–299, 2003.

[16] A. J. Grove, N. Littlestone and D. Schuurmans. General convergence results for linear discriminant updates. In *Machine Learning*, 43(3) pp. 173–210, 2001.

[17] J. Hannan. Approximation to Bayes risk in repeated plays. In *Contributions to the Theory of Games*, 3 pp. 97–139, 1957.

[18] E. Hazan. The convex optimization approach to regret minimization. In Suvrit Sra, S. Nowozin, and S. J. Wright (eds.), *Optimization for Machine Learning*, chapter 10, pp. 287–304. MIT Press, 2011.

[19] E. Hazan. Introduction to online convex optimization, 2016. http://ocobool.cs.prinston.edu/.

[20] E. Hazan, A. Agarwal, and S. Kale. Logarithmic regret algorithms for online convex optimization. In *Machine Learning*, 69(2-3) pp. 169–192, 2007.

[21] D. P. Helmbold and M. K. Warmuth. Learning permutations with exponential weights. In *Journal of Machine Learning Research*, 10 pp. 1705–1736, 2009.

[22] M. Herbster and M. Warmuth. Tracking the best linear predictor. In *Journal of Machine Learning Research*, 1 pp. 281–309, 2001.

[23] M. Herbster and M. K. Warmuth. Tracking the best expert. In *Machine Learning*, 32(2) pp. 151–178, 1998.

[24] K. Ishibashi, K. Hatano and M. Takeda. Online learning of maximum p-norm margin classifiers with bias. In *Proceedings of the 21st Annual Conference of Learning Theory (COLT 2008)*, pp. 69–80, 2008.

[25] S. Kakade, A. T. Kalai and L. Ligett. Playing games with approximation algorithms. In *SIAM Journal on Computing*, 39(3) pp. 1018–1106, 2009.

[26] A. Kalai and S. Vempala. Efficient algorithms for online decision problems. In *Journal of Computer and System Sciences*, 71(3) pp. 291–307, 2005.

[27] J. Kivinen. Online learning of linear classifiers. In *Advanced Lectures on Machine Learning*, pp. 235–257, 2003.

[28] J. Kivinen and M. K. Warmuth. Averaging Expert Predictions. In *Proceedings of the 4th European Conference on Computational Learning Theory*, Vol. 1572 of *Lecture Notes in Artificial Intelligence*, pp. 153–167, 1999.

[29] J. Kivinen and M. K. Warmuth. Relative loss bounds for multidimensional regression problems. In *Machine Learning*, 45 pp. 301–329, 2001.

[30] W. M. Koolen, M. K. Warmuth and J. Kivinen. Hedging structured concepts. In *Proceedings of the 23rd Conference on Learning Theory (COLT 2010)*, pp. 93–105, 2010.

[31] N. Littlestone. Learning Quickly When Irrelevant Attributes Abound: A New Linear-threshold Algorithm. In *Machine Learning*, 2(4) pp. 285–318, 1988.

[32] N. Littlestone and M. K. Warmuth. The weighted majority algorithm. In *Information and Computation*, 108(2) pp. 212–261, 1994.

[33] M. Mohri, A. Rostamizadeh and A. Talwalker. *Foundation of Machine Learning*. MIT Press, 2012.

[34] 中村 篤祥, 本多 淳也. バンディット問題とその解法アルゴリズム（機械学習プロフェッショナルシリーズ）, 講談社, 2016.

[35] G. Neu and G. Bartók. An efficient algorithm for learning with semi-bandit feedback. In *Proceedings of the 24th International Conference on Algorithmic Learning Theory (ALT 2013)*, Vol. 8139 of *Lecture Notes in Computer Science*, pp. 234–248, 2013.

[36] J. Rissanen. Stochastic complexity and modeling. In *Ann. of Statist.*, 14(3) pp. 1080–1100, 1986.

[37] S. Shalev-Shwartz. Online learning and online convex optimization. In *Foundations and Trends in Machine Learning*, 4(2) pp. 107–194, 2011.

[38] S. Shalev-Shwartz and Y. Singer. Logarithmic regret algorithms for strongly convex repeated games. Technical report, The Hebrew University, 2007.

[39] S. Shalev-Shwartz, Y. Singer and N. Srebro. Pegasos: Primal estimated sub-gradient solver for SVM. In *Proceedings of the 24th International Conference on Machine Learning (ICML 2007)*, 2007.

[40] S. Shalev-Shwartz, Y. Singer, N. Srebro and A. Cotter. Pegasos: primal estimated sub-gradient solver for SVM. In *Mathematical Programming*, 127(1) pp. 3–30, 2011.

[41] D. Suehiro, K. Hatano, S. Kijima, E. Takimoto, and K. Nagano. online prediction under submodular constraints. In *Proceedings of 23th Annual Conference on Algorithmic Learning Theory (ALT 2012)*, Vol. 7568 of *Lecture Notes in Computer Science*, pp. 260–274, 2012.

[42] 鈴木 大慈. 確率的最適化（機械学習プロフェッショナルシリーズ），講談社, 2015.

[43] 竹内 一郎, 烏山 昌幸. サポートベクトルマシン（機械学習プロフェッショナルシリーズ），講談社, 2015.

[44] E. Takimoto and M. K. Warmuth. Path kernels and multiplicative updates. In *Journal of Machine Learning Research*, 4(5) pp. 773–818, 2004.

[45] 海野 裕也, 岡野原 大輔, 得居 誠也, 徳永 拓之. オンライン機械学習（機械学習プロフェッショナルシリーズ），講談社, 2015.

[46] T. van Erven, W. Kotlowski and M. K. Warmuth. Follow the leader with dropout perturbations. In *Proceedings of the 27th Annual Conference on Learning Theory (COLT 2014)*, Vol. 35 of *JMLR: Workshop and Conference Proceedings*, pp. 949–974, 2014.

[47] V. Vovk. Aggregating Strategies. In *Proceedings of the 3rd Annual Workshop on Computational Learning Theory*, pp. 371–386, 1990.

[48] V. Vovk. A game of prediction with expert advice. *J. of Comput. Syst. Sci.*, 56(2) pp. 153–173, 1998. Special issue: Eighth Annual Conference on Computational Learning Theory.

[49] M. K. Warmuth. A perturbation that makes Follow the leader equivalent to randomized weighted majority, 2009.

[50] M. K. Warmuth and D. Kuzmin. Randomized online PCA algorithms with regret bounds that are logarithmic in the dimension. In *Journal of Machine Learning Research*, 9 pp. 2287–2320, 2008.

[51] S. Yasutake, K. Hatano, S. Kijima, E. Takimoto and M. Takeda. Online linear optimization over permutations. In *Proceedings of the 22nd International Symposium on Algorithms and Computation (ISAAC 2011)*, Vol. 7074 of *Lecture Notes in Computer Science*, pp. 534–543, 2011.

[52] M. Zinkevich. Online convex programming and generalized infinitesimal gradient ascent. In *Proceedings of the Twentieth International Conference on Machine Learning (ICML 2003)*, pp. 928–936, 2003.

索引

数学・欧文・記号

1 ノルム ── 138
2-FTRL ── 64
2 乗損失 ── 55, 56
2 ノルム ── 138
2 ノルム正則化 FTRL(2-FTRL) ── 64
2 分法 ── 5
α-OGD ── 84
α-強凸 ── 84
Be-The-Leader (BTL) 補題 ── 58
exp 凹性 ── 34, 87
Follow The Approximate Leader (FTAL)
　戦略 ── 96
Follow The Leader(FTL) 戦略 ── 57
Follow The Perturbed Leader (FPL)
　戦略 ── 104
Follow The Regularized Leader (FTRL)
　戦略 ── 63
FPL*戦略 ── 108
FPL 戦略 ── 104
FTAL 戦略 ── 96
FTL-BTL 補題 ── 59
FTL 戦略 ── 57
FTRL 戦略 ── 63
Karush-Kuhn-Tucker(KKT) 条件 ── 142

KL ダイバージェンス ── 75
OGD ── 69
OMD ── 79
ONS ── 90
p ノルム ── 138
R-FTRL ── 77
∞ ノルム ── 138

あ行

アフィン集合 ── 139
誤り回数限定モデル ── 48
α-強凸 ── 84
イェンゼンの不等式 ── 140
1 ノルム ── 138
一般化ピタゴラスの定理 ── 77
エキスパート統合問題 ── 31
重みつき平均アルゴリズム ── 19
オンライン 2 乗損失最小化問題 ── 56
オンライン学習 ── 48
オンライン鏡像降下法 (Online Mirror Desecent, OMD) ── 79
オンライン勾配降下法 (OnlineGradient, OGD) ── 69
オンライン線形回帰問題 ── 54
オンライン線形最適化 ── 67

オンライン線形分類問題 ——— 55
オンライン凸最適化 ——— 51
オンラインニュートン法 (Online Newton Step, ONS) ——— 90
オンライン配分問題 ——— 33, 44
オンラインロジスティック回帰問題 ——— 56

か行

確率的勾配降下法 ——— 102
カラテオドリの定理 ——— 127
カルバック・ライブラー・ダイバージェンス ——— 36
完全情報設定 ——— 52
ガンベル分布 ——— 113
強2次近似可能性 ——— 88
強凸性 ——— 84
コーシー・シュワルツの不等式 ——— 139

さ行

指数型 Follow The Perturbed Leader(FPL*) 戦略 ——— 108
射影 ——— 71
正則化項 R に対する FTRL ——— 77
線形結合 ——— 139

た行

ダブリング・トリック ——— 29
端点分解 ——— 126

敵対者 ——— 5
敵対的論法 ——— 5
統合アルゴリズム ——— 48
凸関数 ——— 140
凸結合 ——— 140
凸集合 ——— 139
トレース ——— 137

な行

内積 ——— 137
2ノルム ——— 138
2ノルム正則化 ——— 64
2分法 ——— 5
ノルム ——— 138

は行

半正定値行列 ——— 137
バンディット設定 ——— 52
非正規化相対エントロピー ——— 76
標準ガンベル分布 ——— 113
ヒンジ損失 ——— 55
ヒンチン・カハネの不等式 ——— 143
ブレグマン射影 ——— 76
ブレグマン・ダイバージェンス ——— 73
分類損失 ——— 55
ベイズアルゴリズム ——— 42
ヘッジアルゴリズム ——— 45
ヘルダーの不等式 ——— 139

望遠鏡和 —— 10

ま行
マハラノビス距離 —— 75
マハラノビスノルム —— 138
∞ ノルム —— 138

ら行
ラグランジュ関数 —— 142

乱択 2 分法 —— 9
リグレット —— 16, 52
離散化 —— 125
劣勾配 —— 141
連続凸緩和 —— 125
ロジスティック損失 —— 56

わ行
和事象の不等式 —— 143

著者紹介

畑埜晃平 博士(理学)
- 1999年 東京工業大学理学部情報科学科卒業
- 2005年 東京工業大学大学院情報理工学研究科数理・計算科学専攻博士課程修了
- 現　在 九州大学附属図書館研究開発室 准教授

瀧本英二 博士(工学)
- 1986年 東北大学工学部通信工学科卒業
- 1991年 東北大学大学院工学研究科情報工学専攻博士課程修了
- 現　在 九州大学大学院システム情報科学研究院 教授

NDC007　163p　21cm

機械学習プロフェッショナルシリーズ
オンライン予測

2016年12月6日　第1刷発行

著　者　畑埜晃平・瀧本英二
発行者　鈴木　哲
発行所　株式会社　講談社
　　　　〒112-8001　東京都文京区音羽2-12-21
　　　　　販売　(03)5395-4415
　　　　　業務　(03)5395-3615
編　集　株式会社　講談社サイエンティフィク
　　　　代表　矢吹俊吉
　　　　〒162-0825　東京都新宿区神楽坂2-14　ノービィビル
　　　　　編集　(03)3235-3701

本文データ制作　藤原印刷株式会社
カバー・表紙印刷　豊国印刷株式会社
本文印刷・製本　株式会社　講談社

落丁本・乱丁本は、購入書店名を明記のうえ、講談社業務宛にお送りください。送料小社負担にてお取替えいたします。なお、この本の内容についてのお問い合わせは、講談社サイエンティフィク宛にお願いいたします。定価はカバーに表示してあります。

©Kohei Hatano and Eiji Takimoto, 2016

本書のコピー、スキャン、デジタル化等の無断複製は著作権法上での例外を除き禁じられています。本書を代行業者等の第三者に依頼してスキャンやデジタル化することはたとえ個人や家庭内の利用でも著作権法違反です。

JCOPY　〈(社)出版者著作権管理機構 委託出版物〉

複写される場合は、その都度事前に(社)出版者著作権管理機構(電話03-3513-6969, FAX 03-3513-6979, e-mail: info@jcopy.or.jp)の許諾を得てください。

Printed in Japan

ISBN978-4-06-152922-9

明日を切り拓け！ 挑戦はここから始まる。

機械学習プロフェッショナルシリーズ

MLP

杉山 将・編

理化学研究所 革新知能統合研究センター センター長
東京大学大学院新領域創成科学研究科 教授

第6期

・機械学習のための連続最適化
金森 敬文／鈴木 大慈／竹内 一郎／佐藤 一誠・著
351頁・本体 3,200円
978-4-06-152920-5

・関係データ学習
石黒 勝彦／林 浩平・著
180頁・本体 2,800円
978-4-06-152921-2

・オンライン予測
畑埜 晃平／瀧本 英二・著
163頁・本体 2,800円
978-4-06-152922-9

続刊

第7期 （2017年4月刊行予定）

・**統計的因果探索**
清水 昌平・著

・**画像認識**
原田 達也・著

・**統計的音響信号処理**
亀岡 弘和／吉井 和佳・著

・**深層学習による自然言語処理**
坪井 祐太／海野 裕也／鈴木 潤・著

第8期

・**強化学習**
森村 哲郎・著

・**ガウス過程と機械学習**
持橋 大地／大羽 成征・著

・**映像・音声認識**
篠田 浩一・著

・**脳画像のパターン認識**
神谷 之康・著

・**ロボットの運動学習**
森本 淳・著

＊刊行予定は予告なく変更することがあります．

第1期

- **機械学習のための確率と統計**
  杉山 将・著
  127頁・本体2,400円
  978-4-06-152901-4

- **深層学習**
  岡谷 貴之・著
  175頁・本体2,800円
  978-4-06-152902-1

- **オンライン機械学習**
  海野 裕也／岡野原 大輔／
  得居 誠也／徳永 拓之・著
  168頁・本体2,800円
  978-4-06-152903-8

- **トピックモデル**
  岩田 具治・著
  158頁・本体2,800円
  978-4-06-152904-5

第2期

- **統計的学習理論**
  金森 敬文・著
  189頁・本体2,800円
  978-4-06-152905-2

- **サポートベクトルマシン**
  竹内 一郎／鳥山 昌幸・著
  189頁・本体2,800円
  978-4-06-152906-9

- **確率的最適化**
  鈴木 大慈・著
  174頁・本体2,800円
  978-4-06-152907-6

- **異常検知と変化検知**
  井手 剛／杉山 将・著
  190頁・本体2,800円
  978-4-06-152908-3

第3期

- **劣モジュラ最適化と機械学習**
  河原 吉伸／永野 清仁・著
  184頁・本体2,800円
  978-4-06-152909-0

- **スパース性に基づく機械学習**
  冨岡 亮太・著
  191頁・本体2,800円
  978-4-06-152910-6

- **生命情報処理における機械学習**
  多重検定と推定量設計
  瀬々 潤／浜田 道昭・著
  190頁・本体2,800円
  978-4-06-152911-3

第4期

- **ヒューマンコンピュテーションとクラウドソーシング**
  鹿島 久嗣／小山 聡／馬場 雪乃・著
  127頁・本体2,400円　978-4-06-152913-7

- **変分ベイズ学習**
  中島 伸一・著
  159頁・本体2,800円　978-4-06-152914-4

- **ノンパラメトリックベイズ**
  点過程と統計的機械学習の数理
  佐藤 一誠・著
  170頁・本体2,800円　978-4-06-152915-1

- **グラフィカルモデル**
  渡辺 有祐・著
  183頁・本体2,800円　978-4-06-152916-8

第5期

- **バンディット問題の理論とアルゴリズム**
  本多 淳也／中村 篤祥・著
  218頁・本体2,800円　978-4-06-152917-5

- **ウェブデータの機械学習**
  ダヌシカ ボレガラ／岡﨑 直観／
  前原 貴憲・著
  186頁・本体2,800円　978-4-06-152918-2

- **データ解析におけるプライバシー保護**
  佐久間 淳・著
  231頁・本体3,000円　978-4-06-152919-1

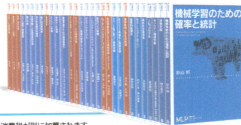

＊表示価格は本体価格(税別)です．消費税が別に加算されます．

[2016年12月現在]

講談社サイエンティフィク　http://www.kspub.co.jp/

ずっと、初学者品質。
イラストで学ぶ 情報科学シリーズ

イラストで学ぶ ヒューマンインタフェース
北原 義典・著

人間特性、GUI設計、ユーザビリティ評価などをイラストとともに学ぼう。事例も適宜紹介され、ヒューマンインタフェースの全貌をわかりやすく解説。講義テキストとして大好評！

A5・223頁・本体2,600円　978-4-06-153816-0

イラストで学ぶ 情報理論の考え方
植松 友彦・著

抽象的でとっつきにくいシャノンの情報理論をイラストとともに学ぼう。2進数の概念から誤り訂正符号までを平易に解説。初学者にとって最良の教科書はこれだ！

A5・239頁・本体2,400円　978-4-06-153817-7

イラストで学ぶ 機械学習
最小二乗法による識別モデル学習を中心に

杉山 将・著

最小二乗法で、機械学習をはじめよう。数式だけでなく、イラストや図が豊富だから、直感的でわかりやすい。MATLABのサンプルプログラムで、らくらく実践。さあ、黄色本よりさきに読もう！

A5・230頁・本体2,800円　978-4-06-153821-4

イラストで学ぶ 人工知能概論
谷口 忠大・著

ホイールダック2号の冒険物語を通して、人工知能全般が学べる異色の教科書。これからの人工知能に欠かせない「位置推定」「学習と認識」「自然言語処理」に多くのページを割く構成。新時代の定番テキストとして大好評！

A5・253頁・本体2,600円　978-4-06-153823-8

イラストで学ぶ 音声認識
荒木 雅弘・著

音声認識技術の基礎理論をマスターしよう。一目でわかる的確なイラストで、初学者が知っておくべきことを明快に解説。WFSTによる音声認識を詳しく解説した和書は本邦初！

A5・191頁・本体2,600円　978-4-06-153824-5

イラストで学ぶ ディープラーニング
山下 隆義・著

まずは、この1冊からはじめよう！ディープラーニングをはじめて学びたい人を対象とした入門書です。カラー図版で、畳み込みニューラルネットワークなどの基礎的な手法が直感的に理解できます。新たなツールとして最も注目されているChainerやTensorFlowのインストール方法や活用事例も紹介しています。

A5・215頁・本体2,600円　978-4-06-153825-2

＊表示価格は本体価格（税別）です。消費税が別に加算されます。　　　　　［2016年12月現在］

講談社サイエンティフィク　http://www.kspub.co.jp/